跟著職人醬料理很簡單

陳宗佑 / 著

輕鬆學實用醬料&靈活搭配鮮甜高湯，
讓家庭料理升級專業風味！

恭喜陳宗佑師傅出新書了！大家熟悉的料理宗師「宗佑師」，我非常期待這位料理魔法師，他征服各大美食料理大賽，奪下無數獎牌的宗佑終於出書。他熟悉各國料理手法和利用臺灣四季不同的食材，並加入宗佑主廚特製的調味與創意，將所有食材巧妙的變化，來滿足各地老饕的味蕾。

這本書非常用心，設計三大主題包含：常備醬料 40 款、鮮甜高湯 7 款，使烹調縮時更方便、每種醬料可變化 2 ～ 4 道料理，延伸出本書的 100 道菜餚，從中可看到每道食譜材料表變簡單，並呈現於各國料理臺式、中式、日式、東南亞、西式皆可，有初學者入門的創意料理，也有宴客的大菜和各式經典名菜，通通都學得到喔！看到宗佑對這本書的用心和努力，認真做好自己的風格特色，這是一本值得大家收藏學習的好食譜，真心推薦給大家！

型男大主廚　吳秉承

認識宗佑師傅也有幾年了，幾年下來除了在廚師聚會遇到，私底下也常常保持聯繫，就像他講的，平價料理到高檔餐廳都待過的經驗，讓自己的廚藝與料理都很有水準，加上他這幾年也有拍攝一些料理影片，讓更多人覺得烹調不是一件困難的事，「做料理」我相信人人都會，但要透過文字來介紹料理，沒有一定的經驗是寫不出來的。

一道好料理除了食材好以外，醬料更是很重要的靈魂，臺灣從黑白切、冷盤到大菜，每一種沾醬佐料都是非常重要的關鍵，這次宗佑師傅願意不藏私的把百搭醬料與大家分享，讓廚藝小白或是熱愛料理的人都學會「運用好醬料爲我們的料理加分」，真心推薦宗佑師的新書給大家！

食尚玩家主持人　李易

　　根據臺灣食品生活型與保健品調查，近一個月有外食的人口約九成，最近一周有在家烹飪食物的大約不到六成。在臨床上，我們可以看到在家吃的確是相對比較健康，但現在人忙於工作還要回家「煮」，這件事也是一項需要花力氣學習的工作技能。

　　曾任涵碧樓飯店副主廚的宗佑師傅，將他從事餐飲職業20多年的美味，無私分享飯店餐廳的靈魂醬料與料理，用最簡易的方式傳授給大家，在家裡就能輕鬆煮出和大廚一樣美味的方便佳餚。書中我自己最喜歡的就是好搭烹煮醬與即拌沾淋醬，因為烹飪要清爽，餐餐都清蒸、水煮、涼拌實在會吃膩，但是搭配好吃的醬料就可以讓餐餐美味又健康，對於我們職業婦女而言，回家同樣一個雞肉或是青菜搭配不同的醬料，就可以感覺變化成新的菜色，讓我們更簡單心力，在家用餐不只是健康，更是家人溫暖相聚的時間，讓我們好好回家吃頓飯吧！

國民營養師　李婉萍

　　「學做菜！得先學做人！」這是我對餐飲後進常提醒的一句座右銘！換言之即是廚德的一種要求與修為。宗佑是我諸多乾兒子中最符合前述的年輕廚師，他不遺餘力熱忱於公益與社團的付出、可愛可敬。尤其他對職場工作的認真與認分、敬業樂群、對長輩敬重、對後進提攜、在餐飲廚藝的規劃從不脫「飲穌食德」，這些難能可貴的細節都符合了「廚德」的要求、在功利主義掛帥的當下，實屬不易！

　　在臺灣，廚房「調醬」的運用，啟蒙於粵菜師傅，為使菜餚在快火爆炒的瞬間掌握鑊氣，故而將所有調味料事先調配，一來是掌握火候、一來是嚴守配方，不讓比例洩漏！會調製「醬」配方者，廚藝需要有一定的水平，這次將廚房的祕訣公諸於眾，無私且犯忌但我仍然支持。宗佑曾榮獲亞太十大名廚等諸多榮銜，在臺灣廚藝界一直是位廣受歡迎的年輕廚師，期望大家支持也鞭策他，讓宗佑再接再厲、百尺竿頭更進一步！

知名美食家　梁幼祥

恭喜廚藝精湛的宗佑出第一本書！我和宗佑是在一場料理活動中認識的，第一次見到他，就覺得他是一位認真爽朗的大廚，從他日常的貼文就能感受到宗佑對料理的專業與熱忱。這次看到他不藏私的新書內容，更是讓我讚賞不已，因為這本書不論是中式、西式或是特色菜都一應俱全，最特別的是宗佑利用常備醬料的概念，把工序繁複的餐廳菜，層層分解成簡單易懂的料理食譜，書中詳細的烹調過程，我想即使是新手，只要跟著食譜一步一步操作，也能不慌不忙的煮出美味佳餚。

Amy推薦這本書給所有熱愛料理的您們，因為只要擁有這本書，就像收藏了所有餐廳的美味祕訣，相信人人都能成為家人心目中的大廚！

百萬粉絲料理作家　張美君（Amy）

醬汁的底蘊是料理的靈魂，和濃墨重彩的畫一樣，可以讓創意的料理作品神采飛揚紛呈細緻，沉、靜、思。讓不同的元素轉換更美好的人生哲學觀點，是廚人的最大課題。《跟著職人醬料理很簡單》書中料理元素和調味料的組成、炒香辛香料的融合，讓重視色香味俱全的料理呈現理想味型，除了可以讓忙錄的現代人從科學角度準確的學習「醬心獨具」之黃金比例，也是鼓勵更多年輕人學習除了市售調味料以外，從認識原型食材的發揮廚藝創藝完成一道料理，並傳承食藝復興的生活美學概念。

與宗佑主廚認識的緣分啟於WACS世界廚師聯合會，在馬來西亞舉辦「環球廚藝挑戰賽2019」擔任評審時，對他優異自信的表現印象深刻，總參賽選手超過兩百人，參賽國超過七國，臺灣代表團的齊心創藝持續團結成績斐然6金4銀，宗佑個人表現十分突出有目共睹，讓國際看見臺灣創意軟實力名揚國際，因此真心推薦本書給大家！

阿鴻上菜主持人　陳鴻

　　有實力根基的料理人，除了對食物料理有著慧根，並能透過料理把自己的想法表現出來，讓品嚐到料理的人，感受到幸福感，能夠製作出這些水準的料理，宗佑師傅在阿芳的心目中就是這樣一位絕對專業的料理人。除了料理天賦之外，年輕時從頭學起的扎實經歷，加上努力不懈的精神，更難能可貴的是走入學術殿堂再力求精進，淬煉成為一位能從後廚走出前廳，和賓客侃侃而談的行政主廚，還是這麼年輕，不得不說宗佑主廚真的非常傑出優秀。

　　看到宗佑主廚把他料理深厚的功力透過學術實力重整，邏輯清晰、化繁為簡，用實用的醬料歸類變化，讓只做一般家常菜的功力，也能夠輕鬆提升料理的層級，用最簡單的方式讓一盤菜變成一道料理，這就是本書最大的特色「把實力藏在簡單裡」，可以透過這本書將師傅的手藝實力很快學會，也是阿芳看這本書的心得，我想這也應該是看過這本書的讀者們最大之受益。

知名料理達人　阿芳老師／蔡季芳

　　有人說「醫生的方」和「廚子的湯」都是職人經驗累積後的成就，但我總認為廚子的湯比醫生的方更加厲害！醫生靠著高學歷望聞問切斷定病症，進而開出處方；而廚子卻是從最基層一點一滴的慢慢努力，才能做出完美的湯，過程中加了多少的料、調了什麼樣的味、花多久的時間等等，還必須考慮四季變換、冷熱乾濕種種因素，每天面對著一張張眾口難調的嘴，若沒有三兩三，怎敢輕易上梁山。

　　如今料理宗師（宗佑）把餐飲生涯一路以來累積的經驗，穿插各個不同菜系的烹調重點，彼此融會貫通、相互交叉碰撞後數據化與文字化呈現這本書，希望透過百變的醬料和鮮甜的高湯，豐富所有人的餐桌，滿足每一位美食追求者的需求。

知名美食節目製作人　焦志方

「醬」做省時又方便，
讓家庭料理升級餐廳飯店美味！

親愛的讀者您們好，我是陳宗佑，從事廚藝烹飪行業已超過二十年，歷經和漢料理、臺菜、川菜、粵菜、江浙菜、蔬素食料理等各式中式菜系廚房的洗禮，從平價餐廳到高檔五星級飯店涵碧樓的工作經驗，持續淬鍊烹調料理經驗，而「生命不止、奮鬥不息」是我的生活宗旨，讓自己不斷精進、充實每一分每一秒是我的生活模式，並深深感受到飲食一直是生活中最重要的環節。

現代人飲食，特別著重美味、健康兼具的料理，並且安心檢視添加元素與料理過程，所以發想著作一本「將餐廳飯店級美味帶入家庭料理」，並節省下廚時間，於是將「醬料」先備好（成爲常備醬，也是料理美味的祕訣之一），再運用醬料延伸各式佳餚的食譜工具書。

自己除了飯店餐廳本職工作之外，還有教學授課行程、配合政府推廣活動、料理宗師頻道影片拍攝與碩士畢業論文的研究，每天睡不到 3 小時，擠出時間努力完成這本著作，就是希望它能爲喜愛烹飪的讀者們帶來許多幫助。

端出一道色香味俱全的美饌佳餚，必須有濃醇高湯底韻、香氣十足、食材繽紛多樣化等許多元素的融合組成，而飯店餐廳廚房工作者，爲了減少忙碌尖峰時段的工作流程，皆需要先熬煮高湯、煉製醬汁等前置基本功累積，以達營業時間的分秒必爭及順暢流程。家庭掌廚者若能閒暇之餘準備一些高湯、醬料，進而保存備用，相對也能大幅度的縮短雙薪家庭、職業煮夫婦女們的烹調時間，更有效率完成每道餐點。

本書作法化繁爲簡、濃縮精華，以容易購買的食材烹調，搭配事前備置、縮短供餐製程，讓一般家庭都能做出餐廳飯店級美食。**將常運用到的 7 款基礎高湯熬煮，延伸調出最實用的 40 道醬料，並且方便保存，後續下廚時將高湯、醬料與食材的融合，烹調成多樣化百道經典與創意料理，讓您在家也能快速並精簡製程，開心享用星級美味！**

Preface

　　書中料理元素、調味料的組成與炒香辛香料的融合，希望讓大家受益許多。**醬料與高湯、水的比例是一種概念，純粹以本人的觀點分享，但菜餚口味層次與鹹淡，則以您的愛好為主，大家可以參考書中食材、調味料及醬料組合，進而適當調整成喜歡的比例或是其他組合，成為自己和家人的專屬風味。**當然辣度與勾芡濃稠度，也可依照飲食習慣而適當增減。

　　一本書的產生實屬不易且時間很長，經過和葉主編多次討論，包含：設定主題、方向規劃、食譜主軸與延伸等，進而開始書寫食譜、兩次審視格式與內文，再進入食譜操作及拍攝、美編排版稿校對到印刷出版已經一年，深感出版社對出版品內容之用心、嚴謹把關品質，總總不易與艱辛，**我們都只為了給予廣大讀者們這本很實用的料理工具書，希望幫助大家在有限的廚具設備，搭配方便購買的食材，很簡單就能做出方便好用的醬料高湯，進而烹調各國風味美食。**

　　最後，感謝在學習與工作歷程中給我許多經驗分享的師兄弟、工作夥伴們，予我恩惠的人有許多，但最重要的是在學徒啟蒙期授予我烹調觀念與基礎的沈耀明師傅、趙令深師傅，讓我有基礎廚藝可以面對更多的挑戰與學習底子；教我廚藝競賽相關技巧與料理的陳文賀師傅；教我料理文化的梁幼祥老師；牽線促成此著作的謝明瑾老師；拍攝時的好助手黃柏凱。

　　還有感謝型男主廚吳秉承、食尚玩家主持人李易、國民營養師李婉萍、電視名廚柯俊年、臺灣食神施建發（阿發師）、國宴主廚張和錦（水蛙師）、百萬粉絲料理作家張美君（Amy）、阿鴻上菜主持人陳鴻、料理達人蔡季芳（阿芳老師）、名美食節目製作人焦志方、知名營養師趙函穎，非常謝謝這些前輩的鼓勵與推薦；以及最重要的三友圖書有限公司葉菁燕主編之指引，第一次獨自創作食譜相當不易，但希望歷時一年的料理工具食譜，可以讓大家喜愛與加以運用！

中華料理職人餐旅交流協會 理事長
陳宗佑

作者簡介

陳宗佑

【現職】

御饌臻品 餐飲總監/行政主廚

中華料理職人餐旅交流協會 理事長

料理宗師 宗佑師 頻道營運總監

【學歷&經歷】

明道大學餐旅管理學系碩士班進修中

涵碧樓大飯店中餐副主廚

雀巢專業餐飲公司餐飲廚藝顧問

大成商工餐飲管理科顧問

德國BOSCH廚具示範主廚

熱情活力義廚團發起人之一/活動策畫

中州科技大學餐飲廚藝系兼任講師

國立高雄餐旅大學、大葉大學、慈惠護專、康寧大學講座講師

【媒體採訪】

MOD「天菜大廚」、新唐人電視「廚娘香Q秀」、臺北廣播電臺「阿鴻回來了」、漁業署漁業廣播電臺、講客廣播電臺等。

【專業證照】

西餐烹調丙級證照

中餐烹調乙級證照—素食

中餐烹調乙級證照、中餐烹調丙級證照—葷食

HACCP食品安全管制系統基礎班證照、進階班證照

【榮譽獎項】

2022 第57屆全國敬老楷模獎表揚

2022 救國團總部年度全國十大青年獎章表揚

2021 食藥署、彰化縣政府指導頒發職人楷模表揚

2021 交通部觀光局優良觀光產業從業人員表揚

2020 第十屆中華美食文化國際交流論壇之亞太年度金獎亞太十大名廚

2019 世廚會馬來西亞環球廚藝挑戰賽團隊賽（國家代表隊金牌、黑盒子團體獎金賽亞軍、個人賽熱烹海鮮銀牌）

2017 行政院衛生福利部FDA優良廚師金帽獎

【活動經歷】

2022 農糧署計畫「國產茶油多元應用」茶油料理開發教學講師

2021 臺中市政府計畫「臺中市食品業衛生自主管理評核工作」評核委員

2020 中華料理職人餐旅交流協會「料理職人論壇講座」講師

2019 臺灣美食展廚藝教室講師

2019 雀巢專業餐飲「玩味中菜"新"食力菜色交流會」講師

2019 屏東縣政府農水產推廣中區推廣主廚

2019、2018 台北國際菩提金廚獎廚藝競賽推廣主廚

2018、2017 漁業署蠡送幸福產地參訪&愛心義煮活動主廚

2017 臺灣可果美公司國際食品展示範主廚

2016 農委會臺灣好畜多健康豬肉料理記者會推廣主廚

本書使用說明

基礎醬料＆高湯

① 這道醬料或高湯的名稱、分類。

② 製作完成的重量，以及建議的保存方式和天數。

③ 醬料或高湯的風味說明，並舉例適合運用的料理。

⑥ 詳細作法解說，讓您確實掌握製作重點。

④ 醬料或高湯的製作完成圖。

⑤ 材料一覽表，確實秤量是製作成功的基礎。

⑦ 作者貼心叮嚀可以替換的食材或調味料。

延伸美味料理

⑧ 這道料理的名稱、主食材類別與適合食用的人數。

⑨ 賞心悅目的料理完成圖。

⑩ 這道美味料理所屬頁碼。

⑪ 主廚貼心提供可以替換的食材或調味料，也再次提醒製作的訣竅。

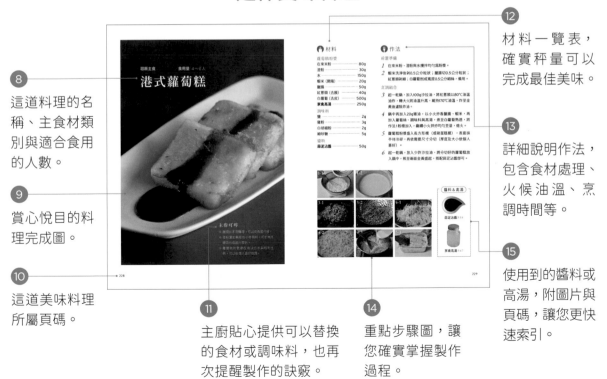

⑫ 材料一覽表，確實秤量可以完成最佳美味。

⑬ 詳細說明作法，包含食材處理、火候油溫、烹調時間等。

⑮ 使用到的醬料或高湯，附圖片與頁碼，讓您更快速索引。

⑭ 重點步驟圖，讓您確實掌握製作過程。

Contents
目 錄

開始烹調前，請先閱讀如下！

· 洗淨過程
所有食材乾貨在切割或烹調前需洗淨瀝乾，故作法中不贅述洗淨過程。

· 鹹淡比例
食譜的調味料、醬料、高湯比例，是作者依據烹調多年經驗分享，您可依個人口味喜好酌量增減其比例。

· 裝飾食材
點綴用途的蔥花，可用冰開水沖洗去除黏液，能減少生蔥的嗆辣；若不介意，也可省略此步驟。

· 秤量換算法
1公斤＝1000g・公克＝g
1台斤＝16兩＝600g・1兩＝37.5g

Chapter 1 （基礎學堂）
器具材料&烹調訣竅

Chapter 2 美味來源
常備醬料&鮮甜高湯

Chapter 3 好醬組合
家常美味&宴客料理

Chapter 1 基礎學堂

器具材料
&
烹調訣竅

方便醬好處多多

避免食用過多添加物

現今民眾對於食品衛生安全的意識愈來愈健全，愈瞭解食安的重要性，逐漸知道許多食品添加物的利弊、注意烹調過程是否衛生安全，漸漸地會注意內容物是否有添加色素、防腐劑、人工香精等食品加工物，進而避免採買與食用。

依口味和飲食習慣調整

有許多市售複方醬料為了達到銷售保存條件，常會添加食品防腐劑，但瞭解的人愈來愈不喜歡吃進肚子的食品或料理，含這些非天然甚至過量有害身心的添加物，所以自製方便醬可以迎合每個家庭不同的需求，親手製作可以依個人喜好鹹淡、飲食宜忌等，來增減內容物和量，並且可以依使用速度來決定製作量。自製的過程和成分看得見且吃得安心，也同時能避免買許多市售醬，只用一、兩次就擱著，造成浪費或放太久而過期。

● 多重組合風味多

書中這些醬料教學可以達成各自所需風味、多重組合讓料理多變化，並且提前準備常備醬、化繁為簡的烹調過程，讓大家在家都能輕鬆做出特色餐館佳餚好滋味。

常用器具和調味料

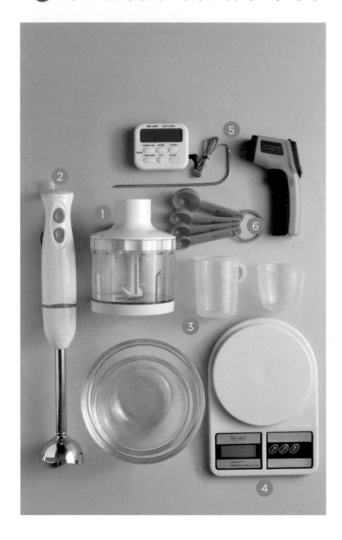

家電&秤量

① 食物調理機

運用調理機可以方便將醬料攪拌均勻，達成細膩口感。建議購買有玻璃杯或耐高溫材質容器的調理機，並避免醬料溫度太高時使用，而導致有害物質釋出。

② 手持攪拌棒

又稱為均質機，手持型輕巧且方便，數量不大即可直接攪細，可用於製作少量醬料需要攪細的最佳幫手。

③ 調理容器

可使用量杯、量米杯、調理碗裝盛材料或當作攪拌容器。量杯大小材質不限，方便計量油水液態即可，臺灣規定量杯＝225cc、家常用量米杯＝180cc；調理碗材質不限，以不鏽鋼為佳，適用冷熱食材盛裝。

④ 電子秤

優先選購以0.5公克（g）為最小單位的電子秤，方便於調配醬料與食材秤重時準確得知。

⑤ 溫度計

常見溫度計有指針型、電子型，可用來測量油溫和水溫，測量溫度能有效掌握料理結果。

⑥ 公定量匙

常見標準量匙一套有四支，分別為1大匙、1小匙、1/2小匙、1/4小匙。

· 1大匙（tbsp）＝15cc 英文食譜將1大匙寫成「1湯匙」＝T.＝Tablespoon（tbsp）
· 1小匙（tsp）＝5cc 英文食譜將1小匙寫成「1茶匙」＝t.＝teaspoon（tsp）
· 1/2小匙＝2.5cc
· 1/4小匙＝1.25cc

輔助器具

⑦ 湯鍋

可依需求挑選不適合的尺寸，以不鏽鋼材質為佳，方便熬煮高湯與醬料時使用。

⑧ 耐熱刮刀

挑選耐熱高溫材質刮刀為宜，方便攪拌麵團或醬料，或將容器盆緣刮除乾淨。

⑨ 磨泥器／刨絲刨片器

磨泥器方便將蒜頭、薑等食材，研磨成綿密泥狀，市面上有陶瓷與不鏽鋼材質，大小不限，以個人使用順手與方便為主。刨絲刨片器適合蔬果切絲切片。

⑩ 打蛋器

打蛋器除了能攪拌蛋液外，更能輕巧方便的用於少量醬料等攪拌功用。

⑪ 裝盛容器

醬料製作完成後裝盛的容器，可放置玻璃罐、密封盒或市售用完的醬料罐，將醬料存放之用途。

⑫ 篩網

依孔洞分成粗篩網、細篩網，方便將醬料與熬煮材料分離，使醬料更加細緻無雜質，建議用不鏽鋼材質為佳。

醬油＆醋＆油

⑬ 醬油

醬油分成水解醬油、速成醬油、混合或調和醬油、釀造醬油，也可簡單分成化學速成與釀造醬油。建議使用純釀造醬油，經過發酵，味濃醇韻且天然，可分成黃豆醬油與黑豆醬油兩種主材料釀造之不同產品。

⑭ 醬油油膏

包含醬油膏、蔭油膏、香菇素蠔油，以黃豆醬油或黑豆醬油為基底，大多搭配甘草粉、糖、香菇粉等，再運用米澱粉勾芡而成，讓醬油不會太鹹，並增加濃稠度的調味料。

⑮ 醋

在烹調過程中，可拿醋調味，是增加酸度的來源之一。不同的原料做出不一樣風味的發酵醋，例如：糯米白醋、葡萄的巴薩米可醋、添加辛香料的烏醋、梅林醬油（烏斯特香醋）、水果醋等。

⑯ 油

料理中炒香的仲介質，多運用果仁或種子壓榨煉製而成的油脂，例如：大豆沙拉油、葵花油、芥花油、橄欖油、白芝麻香油、黑芝麻油、苦茶油、藤椒油；另外也有用動物油脂蒸或火煉方式製成，例如：豬油、雞油。

糖＆鹽＆酒＆蠔油

⑰ 糖

料理中甜味的來源，多以細砂糖、二砂糖、黑砂糖、麥芽糖、冰糖、蜂蜜等。

⑱ 鹽

料理中鹹味的來源，一般常用細鹽、海鹽、玫瑰鹽、岩鹽、竹鹽等。

⑲ 酒

料理中常用米酒、紹興酒、紅酒等，可提升料理香氣或去除食材腥羶味。

⑳ 蠔油

傳統是運用牡蠣生蠔類將其熬煮濃縮的醬料，可將料理呈現鹹鮮味之來源。

香草＆藥材

㉑ 香草植物

中西式料理常會用到帶香氣的植物，比如中餐常用的香菜、九層塔，以及西餐常用的巴西里、迷迭香、百里香、奧力岡、薄荷、香茅等。

㉒ 藥材香料

白胡椒粒、黑胡椒粒、五香粉、八角、花椒粒、花椒粉、月桂葉、檸檬葉、荳蔻、草果等，運用不同的香氣，可以堆疊出不一樣層次的味道，更可依個人喜好與添加比例，製作出有個人風格的醬料或滷汁。

辛香料＆水果

㉓ 蒜頭

蒜類是五辛香料之一，常用來增加香氣風味，從帶皮整顆蒜頭到去皮的蒜仁，以及青蒜苗都屬於蒜類。

㉔ 薑

葷素皆可使用的辛香料，中餐料理常用到的薑有生薑（包含嫩薑、中薑、老薑）、竹薑、薑黃、南薑、沙薑等。

㉕ 蔥

蔥類為五辛香料之一，一般常用有青蔥、洋蔥、紅蔥頭及紅蔥頭冒出來的珠蔥。

㉖ 辣椒

通常使用辣椒來增加料理的辣度或增色用途，世界上有數十種辣椒品種，而臺灣普遍使用紅辣椒、朝天椒、青辣椒，以及將其乾燥風乾後的乾辣椒。

㉗ 檸檬

料理的酸味來源之一，檸檬的周邊包含豐富酸香味的檸檬果肉、檸檬汁、帶有淡雅香氣的檸檬皮與檸檬葉。

㉘ 柳橙

柳橙的香氣與色澤、酸甜適口，深受臺灣人喜愛，故常常以此水果入菜。臺灣冬季盛產皮薄多汁的柳丁，如遇到臺灣非產季，則以進口香吉士代替即可。

㉙ 番茄

番茄依品種不同，顏色有深紅、橘色、黃色等，選購時需留意果蒂要完整為佳，番茄富含茄紅素，經過加熱烹煮，更容易被人體吸收。

其他

30 蝦醬

蝦醬的主原料為蝦膏，以小蝦發酵後將水分蒸發而成，氣味特殊，是東南亞料理常用調味料之一。

31 紅糟

中式料理的閩菜、客家菜，喜歡將紅糟當調味主軸，搭配各式食材延伸許多佳餚。各種品牌紅糟醬都有不同調味，建議以未調味為佳。

32 辣豆瓣醬

單純以新鮮辣椒或發酵辣椒為主的稱為辣椒醬，進而如臺灣添加黃豆瓣、中國四川添加蠶豆豆瓣等豆瓣醬，即稱為辣豆瓣醬。市面上有許多現成辣豆瓣醬廠牌可以選購。

33 甜麵醬

以麵粉為主材料，經過發酵而製成的一款醬料。添加鹽達成鹹味、發酵而達成甜味，屬於醬爆類料理必備醬料之一。

34 泰式魚露

多產於泰國、菲律賓與越南，是東南亞料理中常用且是重要的靈魂調味料之一。傳統製品會用鮮魚（通常是鯷魚）以及鹽，以堆疊方式放入甕中醃漬，讓微生物分解魚肉，再過濾發酵後濾出的汁液。

35 中式魚露

以魚、黃豆、小麥、鹽為主材料。中式料理常用來與蒸魚、佛跳牆等需要以鮮帶鮮的調味料。中式魚露與東南亞魚露比較，其發酵氣味較為柔和。

36 鮮味露

最早在德國問世的經典調味料，以歐洲純杜蘭小麥蒸餾精製而成，味道香濃多用來做為與一般醬油區別風味的醬料。

37 番茄醬

以番茄製作的調味品，味道酸、甜、鹹，中式料理常用來增加紅潤色澤、補足果酸香氣。

烹調油搭配原則

烹調油與料理關係

健康意識抬頭的現代，許多人希望達到少油少鹽，但其實更應該講究的是「吃好油」。油脂是身體中必需的營養素之一，並在烹調食材過程中，添加油脂非常重要，講究菜餚中每一個味道的堆疊，烹調油若使用不同油品，會產生不一樣的效果與香氣。

● 動物性油脂增加香氣

使用豬油等天然且安定的動物性油脂，可讓清淡的蔬菜增加肉脂香氣，並添加菜餚香氣韻味的厚度，動物性油脂適合煎、煮、炒，早期臺灣料理多以豬油為烹調油，如有膽固醇及心血管疾病者，切記勿攝取過量。

傳統豬油製法

豬油製法分為蒸煮與火煉兩種，蒸煮是運用蒸氣溫度使其油脂熔出；火煉就是攪細的豬板油加熱製成，將豬板油直接放入鍋中，採直火加熱的方式使豬油熔出。直火火煉雖然麻煩、火候需要控制，但相對香度會更加足夠且濃郁，而現在許多生鮮食品超市，也會販售小包裝豬油，快速並且簡便。

● 無強烈香氣烹調油

海鮮類、肉類及部分菜品希望表現油品氣味，並且不影響菜餚風味，則宜選擇無強烈香氣的大豆沙拉油、葵花油或芥花油等，達成炒香用途，不會被油脂搶走香氣與口感。若您習慣使用某種油烹調也可以，比如可以用花生油、芝麻油、紫蘇油等帶有獨特食材本質香氣的油品，增添料理風味。

● 涼拌與低溫烹調油

講究健康會建議以選擇單元不飽和脂肪酸含量高較安定，適合煎、煮與涼拌的橄欖油、苦茶油來烹調，不會變質之外，對身體也比較好。另外，不適合高溫烹煮，但可用來燉煮、涼拌的多元不飽和脂肪酸ω-3脂肪酸（Omega-3），例如：紫蘇油、亞麻仁油，除了可提供人體必需脂肪酸，更具抗發炎的功效。

自製豬油

重量 700g | 室溫 15 天 | 冷藏 3 個月 | 冷凍 12 個月

豬油的來源取自豬肉的油脂,最純的部位就是豬板油。豬板油臺語稱為(板仔油),廚師行話稱為(白標),屬於豬「腹腔肋骨」上一層帶油膜的「固狀脂肪」,豬腎臟被豬板油包裹其中,出油率高,熬製豬油後的豬油渣(粕),加入少許鹽、白胡椒粉調味達到香酥可口,是早期農家子弟的零食,更是現代做為下酒下飯的料理之一。

材料

豬板油	1000g
米酒	200g
薑	100g
青蔥(去根部與老葉)	150g

作法

1. 豬板油攪成約0.5公分小丁;薑切厚度0.5公分片狀;蔥切約5公分長段,備用。

2. 起一深炒鍋,熱鍋後放入豬板油、米酒。

3. 以小火持續煸炒,使豬板油煉出油脂,豬板油成為乾酥狀態的豬油渣。

4. 再放入薑片和蔥段,煉出香味並去除多餘腥味,熄火即可濾出液態豬油和豬油渣,放涼後再移入冰箱保存。

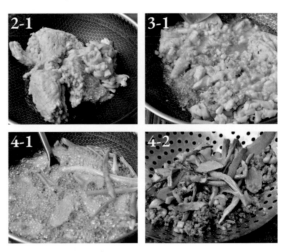

主廚叮嚀

＊ 若不喜歡豬腥味,可以先將豬板油放入滾水汆燙過,減少豬腥味。

＊ 豬板油攪細,能更快速的達成出油,可於購買時請豬肉商幫忙攪細。

＊ 豬油渣的顏色代表油的顏色,可以此做為熄火的標準,豬油渣顏色過深易使油色相對成為深褐色,不太美觀。

＊ 煉成豬油後已無水分,基本上只要封存隔絕空氣,存放時間可以很久。放置太久或是未封存氧化後,會導致濃郁豬油耗味,較不建議食用。

認識烹調火候與油溫

火候判斷

火候是烹調的基本要訣，火力選擇適當，則料理就美味、口感恰當；若火候太大或火候不足，都會影響食物烹調後的品質。只要掌握如下基本火力判斷，做菜就會更輕鬆。

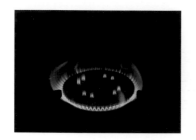

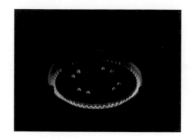

● **大火**

又稱武火、旺火，普遍為最大火力，常用於需要快速熟成或快速加溫的料理所用。

● **中火**

有些人稱為文武火，快炒、燒、煮、炸等一般的烹調過程中最常使用的火候

● **小火**

又稱文火，普遍為最小火力，適合燜、燒、慢燉、煨煮與乾煎所使用

油溫判斷

油炸方式有過油及炸熟，料理品質的好壞與油溫、加熱時間關係大，如果掌握不妥，那麼美味及外觀品質就不易達到標準，如下為書中食譜常用到的油溫。

● **低油溫 70°C**

溫泉水的溫度多為 50 ～ 55°C，此 70°C 溫度比溫泉水溫度高一些。使用於低溫油泡、水波煮等烹調手法。

▲ 筷子周圍開始產生一些小泡泡。

● **中低油溫120～130℃**

炸比較厚實的肉品,會於外表定型之後,用此中低溫泡至九成熟度,再加熱油溫至170～180℃,複炸逼出多餘油脂、炸到表面酥脆定型。

▲ 筷子周圍有較多的小泡泡出現。

● **中油溫140～150℃**

中油溫區段為140～150℃,當油溫超過140℃,逐漸不再有燃燒水分的聲音。

▲ 筷子周圍有密集的大小泡泡。

● **中高油溫160～170℃**

包裹乾粉、粉漿的食材必須於此溫度下鍋,以免粉衣外層無法包裹而產生掉粉。大多電子控溫油炸機,多設定於此溫度恆溫烹調油炸程式。

▲ 筷子周圍有很多且密集的細泡泡。

● **高油溫180℃**

高油溫區段為180℃,超過此溫度即逐漸冒煙,需要注意火力。180℃油溫多用來將食材表面炸至定型及酥脆。

Chapter 2 （ 美 味 來 源 ）

常備醬料
＆
鮮甜高湯

關於裝醬瓶罐和保存

容器材質慎選

若醬料帶酸性食材，則容易侵蝕鐵質與塑膠，導致醬料有異味，因此建議挑選較安心的玻璃材質容器最佳，次之為食品級不鏽鋼，並搭配密封蓋為宜，避免空氣或冰箱內味道、雜質進入醬料，而造成汙染變質。

瓶罐清潔與消毒

瓶身蓋子必須先以清潔劑，搭配海綿刷洗去除髒汙與油脂，再以清水沖淨，接著用烘碗機或晾乾方式使其乾燥卽可，常見瓶罐消毒方式有兩種：煮沸消毒法、蒸汽消毒法。

● 煮沸消毒法

STEP1　玻璃容器和瓶蓋放入已沸騰的開水（水溫100℃），轉中小火，開始計時煮5～10分鐘，達到殺菌目的。

STEP2　熄火，用耐高溫料理夾將玻璃罐與蓋子從熱水中取出，倒出容器中水分，再倒扣並放涼，這是家中最常見且最簡易的消毒方法。

● 蒸箱消毒法

STEP1　先確認蒸箱中心溫度已達80℃以上。

STEP2　將玻璃容器和瓶蓋放入蒸箱，持續蒸約10分鐘，達到殺菌目的。

醬料高湯保存重點

所有醬料或高湯的保存，皆不可以混入未煮滾的生水，內容物將會變質腐敗，故建議封存完善、容器乾燥或滅菌。開罐後未有脫氧真空狀態時，建議盡快食用完畢。如不能確實將罐頭真空並執行後殺菌，建議少量製作，更能確保新鮮度。

● 室溫保存

若醬料無加水，並擁有高鹹度、水活性低、有油脂覆蓋表面，即可放置室溫陰涼處保存，例如：不加水且鹹度偏高的黑魯爆炒醬。

● 冷藏保存

大部分醬料或高湯皆適合冷藏，保存方式在 0 ～ 7℃的冷藏溫度為佳，保存得宜可延長醬料的使用期限。

● 冷凍保存

溫度在 0℃以下的冷凍保存，可以減少生菌活化、杜絕腐敗，但某些醬料經過冷凍，可能導致醬汁分解、油水分離，例如：果香優格醬。

罐裝真空更安心

製作完成的醬料或高湯放涼後，依需求量分裝入適合的容器中，再運用密閉高溫蒸汽或高溫沸水煮法進行真空處理，也可以倒入家中製冰盒冷凍成冰塊磚，方便後續使用與保存。

● 醬入瓶真空處理

STEP1　醬料或高湯裝入瓶罐大約8分滿，並鎖緊瓶蓋使完全密合，再放入已沸騰的開水（水溫100℃），轉小火，蓋上鍋蓋開始計時煮20～25分鐘。

STEP2　熄火，用耐高溫料理夾將玻璃罐與蓋子從熱水中取出，再倒扣並放涼即可。

標籤提醒保鮮日

需要明確標示醬料或高湯名稱、製作及保存日期、保存方式等。可到書店、文具店、五金百貨行購買市售標籤貼紙，或是自製簡易標籤，能方便辨識與送禮用途。如果要販售，則需要標示內容物、八大營養標示、非基改、豬牛肉產地等，以符合衛生法規。

● 少量倒出為佳

用湯匙挖取常備醬時，必須將湯匙洗淨並瀝乾，取出當次需要量，未使用勿倒回原本瓶罐，可覆蓋保鮮膜再放入冰箱冷藏，能避免水氣及空氣滲入醬料中而加速腐敗。

● 高湯分裝結凍

煮好的高湯放涼後，可以依需要量分裝袋子或保鮮盒，也可製成小冰塊，烹調時或當沾醬使用非常方便。

Sauce 好搭烹煮醬

黑胡椒醬

重量 910g │ 室溫 NO │ 冷藏 14 天 │ 冷凍 3 個月

西餐黑胡椒醬是熬煮牛骨高湯調配黑胡椒粒風味,而中餐則再添加其他不同元素,使醬料層次更加鮮明豐富。大部分運用於鐵板料理、爆炒肉類或佐醬,甚至是早午餐店呈現於義大利麵的烹調醬中。

🍴 材料

A

白洋蔥（去膜） ———— 75g

蒜頭（去膜） ———— 45g

紅蔥頭（去膜） ———— 30g

紅蘿蔔（去皮） ———— 50g

芹菜（去根部與老葉） 100g

培根 ———— 50g

B

低筋麵粉 ———— 20g

豬油 ———— 20g

C

沙拉油 ———— 150g

月桂葉 ———— 2片（2g）

D

牛骨高湯 ———— 250g→P.70

米酒 ———— 150g

醬油 ———— 100g

粗黑胡椒粒 ———— 35g

雞粉 ———— 15g

壺底油 ———— 125g

無鹽奶油 ———— 30g

細砂糖 ———— 40g

A1牛排醬 ———— 15g

梅林醬 ———— 15g

義大利綜合香料 ———— 3g

🍴 作法

1 材料A切細丁；材料B豬油加熱至120
～150℃，緩慢沖入麵粉中，拌勻形成
麵粉糊，備用。

2 沙拉油加熱至160℃，蒜頭、紅蔥頭分
別放入油鍋炸至脫水，接近金黃色時
撈起備用。

3 留少許沙拉油，以中火炒香洋蔥、紅
蘿蔔、芹菜和培根，將其減少水分提
升香氣，熄火。

4 將炸好與炒香的全部材料放入鍋中，
並加入月桂葉和材料D，以中大火熬煮
至滾。

5 再以均質機小心攪打均勻成細末，接
著以麵粉糊勾芡至滾即可。

主廚叮嚀

＊ 培根功用是增香，也可替換成新鮮絞肉或火腿。

＊ 麵粉糊化的香氣能提升醬料風味，也可用炒香麵
粉的方式取代熱油沖麵粉。

＊ 若擔心火候控制問題，也可每種蔬菜材料各別炒
香脫水。

＊ 炸蒜頭與紅蔥頭時油溫需控制，因撈起後還會升
溫，所以不可等到金黃色才撈起，避免造成苦味。

＊ 豬油功用是增香，也可替換成大豆沙拉油、葵花
油或其他油脂，動物性油脂缺點為冷卻後油脂呈
現固態形成白膜，影響外觀。

＊ 壺底油意卽顏色較深醬油，專業廚房會用老抽增
加醬色。

Sauce 好搭烹煮醬

黑魯爆炒醬

重量 1400g｜室溫 14 天｜冷藏 3 個月｜冷凍 12 個月

臺灣料理中，許多店家皆有各自風格的黑魯爆炒醬，或稱海產魯。適用於小至海鮮、大至肉類，皆可以此做為醬料炒製。比如海產餐廳或臺菜餐廳常出現的炒蛤蜊、三杯中卷、油潑辣炒筍。

材料

A		B	
米酒	300g	蠔油	300g
白胡椒粉	5g	醬油膏	300g
甘草粉	5g	細冰糖	200g
五香粉	2g	烏醋	300g

作法

1 材料A攪拌溶解。

2 再加入調味料B，一起拌勻至細冰糖溶解即可。

主廚叮嚀

＊醬料可用調理機攪打均勻，比較省力。

Sauce 好搭烹煮醬

蠔油風味醬

重量 655g｜室溫 14 天｜冷藏 3 個月｜冷凍 12 個月

蠔油源自中國廣東的調味醬，利用鮮牡蠣熬煮過的湯汁，進行濃縮後和其他配料所製成，呈黏稠狀棕褐色、鮮味濃郁。蠔油入菜盛行於粵菜，近幾年許多臺灣人用來代替傳統的醬油膏，增加菜餚的濃郁鮮香。將這款萬用醬稀釋並調配，水與醬比例 1：1 直接烹調很簡單。適用於蠔油牛菲力、蔭豉鮮蚵、蔥燒婆參、荔味宮保雞丁、蒜香鮮蝦粉絲煲。

材料

A		B	
米酒	75g	蠔油	450g
細冰糖	100g	雞粉	20g
		鮮味露	10g

作法

1 材料A攪拌溶解。

2 再加入調味料B，一起攪拌均勻即可。

主廚叮嚀

＊醬料的鹹甜比例，可以依個人口味增減。

Sauce 好搭烹煮醬
麻辣醬

重量 1000g | 室溫 NO | 冷藏 14 天 | 冷凍 3 個月

麻辣醬是藉由煉製紅油，再延伸成可以更簡單做川味料理的靈魂醬料，主體是新鮮辣椒與乾辣椒的香辣，結合青紅花椒的麻，變成多元的基底，在中國大陸會結合牛油做成麻辣火鍋湯底。適用於烹調麻婆豆腐、口水雞、麻辣鴨血。

材料

A
朝天椒（去蒂頭）	300g
花椒粒	100g

B
花生油	350g
芝麻香油	350g
郫縣豆瓣醬	140g

C
油潑辣子醬	150g→P.34
乾辣椒粉	300g
花椒粉	300g
花生粉	25g
白胡椒粉	15g
鹽	20g
雞粉	20g
二砂糖	40g
醬油	50g

作法

1　朝天椒切成細末備用。

2　花生油與芝麻香油倒入鍋中，以小火加熱花椒粒至有花椒香味，濾除花椒粒成花椒油。

3　將花椒油與朝天椒炒香、減少水分，再加入郫縣豆瓣醬，以小火炒出色澤與香氣。

4　接著放入材料C，以小火繼續炒香並炒勻即可。

主廚叮嚀

＊ 朝天椒量可依個人辣度增減量。

＊ 花生油與香油加熱花椒粒煉製花椒油的部分，可購買市售花椒油代替。

＊ 郫縣豆瓣醬為川菜的靈魂之一，如果不方便購買，可以用容易取得的辣豆瓣醬取代。

Sauce 好搭烹煮醬

油潑辣子醬

重量 800g ｜ 室溫 7 天 ｜ 冷藏 3 個月 ｜ 冷凍 12 個月

油潑辣子為辣椒醬、麻辣醬的基底之一，也是種煉製紅油。在川味料理人的手中必定有自己的香料辣油，而本書教導大家能輕鬆做出此醬，甚至可加入蒜頭元素就成為「蒜味辣椒醬」，再添加大量的花椒及花椒粉，就成為「簡易麻辣醬」。川味豆瓣魚、宮保混蛋、麻婆豆腐等川菜，都能嚐到油潑辣子醬的風味。

主廚叮嚀

＊ 食材部分為紅油香味的基底，有些人會省略煉製紅油，只用熱油沖入白芝麻、辣椒粉。

＊ 大豆沙拉油易因放置時間太久而引起油耗味，故可以替換成其他油脂。中式料理會用菜籽油，而選擇花椒油更能增加紅油的香氣。

＊ 乾辣椒粗粉和高粱酒攪拌，可以增加香氣，也能避免沖入熱油時高溫瞬間造成乾粉苦味產生；也可先加入冷油攪拌乾辣椒粗粉，避免沖熱油而無法控制苦味產生。

🥣 材料

A

帶皮薑	30g
白洋蔥（去膜）	50g
帶皮蒜頭	50g
靑蔥	80g

B

乾辣椒粗粉	300g
高粱酒	50g
葵花油（或花椒油）	400g

C

白芝麻	50g
鹽	5g

D

甘草	5g
丁香	10g
花椒粒	50g
乾辣椒	50g
豆蔻	20g
草果	15g
陳皮	10g
八角	15g
月桂葉	3g
桂皮	10g
小茴香	3g

🍴 作法

1 帶皮薑切厚度約0.5公分片狀；洋蔥切寬約1公分厚狀；帶皮蒜頭拍打使其破碎；每支靑蔥切4等份的長段，備用。

2 乾辣椒粗粉和高粱酒、葵花油攪拌均勻，再加入白芝麻、鹽拌勻備用。

3 蔥薑蒜放入另一鍋葵花油，以小火加熱至160°C油溫，持續加溫讓辛香料呈現褐色，煉出香味，立即撈起蔥薑蒜。

4 將全部材料D放入油鍋中，持續以120～150°C加熱5分鐘，煉出香味，再熄火泡至隔天。

5 將油過篩濾出，其中150g油加熱至160°C油溫，再沖入作法2辣椒粉中，輕輕攪拌均勻即可。

Sauce 好搭烹煮醬
老醋酸甜醬

重量 800g｜室溫 NO｜冷藏 14 天｜冷凍 3 個月

古早味菜餚其中酸甜風味的調味相當常見，運用兩種醋的酸，搭配砂糖的甜味一起烹調。比如臺灣早期的五柳枝魚、黑醋排骨等，都是酸香鮮甜為主。本書則運用於奶油極汁羊排、西湖醋魚、荔味宮保雞丁。

材料

A		B	
老薑	150g	果香高湯	100g →P.66
芝麻香油	50g	醬油	50g
烏醋	250g	黑糖	200g
白醋	70g	二砂糖	100g

作法

1 老薑切小丁後放入鍋中，加入芝麻香油，以小火炒香。

2 再加入材料B，繼續以小火煮滾，沸騰後熄火並濾除薑末。

3 接著加入烏醋與白醋，攪拌均勻即可。

主廚叮嚀

＊ 果香高湯可以等量水100g替換，烏醋白醋可選購方便購買的品牌。

＊ 酸甜的糖與醋基底比例接近1:1，其他調味料則視個人喜好調整。

＊ 用兩種糖（黑糖與二砂糖）希望增加黑糖的色澤及甜度，產生不同層次感，也可用一種糖。

Sauce 好搭烹煮醬
沙茶京醬

重量 1050g｜室溫 NO｜冷藏 14 天｜冷凍 3 個月

京醬肉絲是一道傳統的北方菜餚，原以甜麵醬為主軸的調味料，而書中此醬是運用臺灣風味的沙茶醬當主味，讓醬料豐富度更加提升，並延伸出更多人喜愛的臺灣元素料理，例如：沙茶豬柳、青椒蟹腿肉、咖哩椰漿炒蝦。

材料

A	
蒜頭（去膜）	60g
B	
家禽高湯	180g →P.67
細砂糖	120g
醬油膏	300g
沙茶醬	250g
甜麵醬	50g
米酒	80g
白胡椒粉	10g

作法

1 蒜頭切成細末後放入鍋中。

2 全部材料B加入作法1中，混合拌勻，以中火煮滾後離火即可。

主廚叮嚀

＊ 家禽高湯可以等量水180g替換。

＊ 此醬比例為建議基準，可依個人口味酌量調整。

Sauce 好搭烹煮醬

甜麵豆瓣醬

重量 980g｜室溫 7 天｜冷藏 3 個月｜冷凍 12 個月

甜麵醬是以麵粉為主要原料，經過發酵製成的中餐傳統醬料，醬味為鹹中帶甜，可以做成沾醬，更能成為炒醬。黑豆瓣醬則以黃豆或蠶豆搭配麵粉等發酵製成，再將甜麵醬與黑豆瓣醬結合，達成快速醬料。此醬可運用於烤豬肋排、京醬肉絲、回鍋肉、杭州醬燒砂鍋魚頭。

材料

A
芝麻香油	100g
黑豆瓣醬	250g
甜麵醬	250g

B
紹興酒	100g
米酒	100g
黑糖	180g

作法

1 芝麻香油倒入鍋中，以小火加熱。

2 再放入黑豆瓣醬、甜麵醬，繼續小火炒出醬香。

3 接著加入材料B，拌炒均勻即可。

主廚叮嚀

＊黑糖可增加醬的濃郁色澤與香氣。

＊甜麵醬與黑豆瓣醬鹹度很重，可運用甜度調和，黑糖的比例則依個人口味調整。

Sauce 好搭烹煮醬

蒜蓉醬

重量 885g｜室溫 NO｜冷藏 14 天｜冷凍 3 個月

蒜是許多料理運用的基底，帶有香氣且有些微嗆辣味，並能提升免疫力與抗氧化，烹調中也可延伸許多料理。此醬適用於蒜蓉蒸蝦、蒜香鮮蝦粉絲煲，也可當作燙青菜的拌醬。

材料

A
蒜頭（去膜）	190g	醬油	130g
蒜頭酥	50g	蠔油	57g
		細砂糖	50g

B
鰹魚昆布高湯	300g	中式魚露	40g
	→P.66	鮮味露	19g
話梅粉	1g	鰹魚醬油	50g

作法

1 蒜頭切成細末後放入鍋中。

2 全部材料B加入作法1中，混合拌勻，以中火煮滾，再放入蒜頭酥拌勻即可。

主廚叮嚀

＊鰹魚昆布高湯可以等量水300g替換。

＊青菜燙好後非常適合拌此醬，是一款實用醬料。

＊魚露分中式與泰式風味，這款醬料使用中式魚露。

$Sauce$ 好搭烹煮醬

黃椒醬

重量 915g｜室溫 NO｜冷藏 14 天｜冷凍 3 個月

四川人的家庭幾乎都有各自的四川泡菜，其中有泡黃甜椒打成液態、添加泡菜水的乳酸酸度，結合一些調味料，便可組成一道色彩鮮黃、酸香提味的黃椒醬。適合用在金酸湯肥牛、黃椒淋皮蛋。

材料

A

四川泡椒之泡黃甜椒	300g
四川泡菜之泡薑	100g
市售泡野山椒（去蒂頭）	50g

B

四川泡椒之泡菜汁	150g
米酒	150g

鹽	5g
細砂糖	10g
鮮味露	20g
香菇粉	30g
藤椒油（或花椒油）	50g
芝麻香油	50g

作法

1 將全部材料放入調理機。

2 攪打至細緻綿密即可。

主廚叮嚀

＊ 泡野山椒在南北貨商行可以買到，而四川泡菜泡薑、泡黃甜椒可以在家中醃泡，謹記不要接觸到生水與油汙油脂即可。

─(四川泡菜醃製)─

材料

A 薑（去皮）200g、黃甜椒 200g、紅辣椒 30g、蒜頭（去膜）50g、花椒 30g、58 度高粱 50g

B 涼開水 1000g、鹽 40g

作法

1 將密封容器洗淨並晾乾至完全沒有油汙和生水；去皮薑洗淨後晾乾；紅辣椒（不需去蒂）也洗淨晾乾，備用。

2 涼開水和鹽攪拌至鹽溶解，再倒入密封容器。

3 去皮薑、黃甜椒放入作法 2 鹽水中，再加入紅辣椒、花椒、蒜頭和高粱酒，密封好後放在陰涼處醃製。

4 等待 4 ～ 8 星期達成乳酸香，再移到冰箱冷藏保存，欲使用時再撈出需要量即可。

Sauce 好搭烹煮醬
胡麻醬

重量 560g ｜室溫 NO ｜冷藏 14天 ｜冷凍 3個月

芝麻的香氣能夠讓菜餚的各種風味提升，更在許多菜系當中時常出現。芝麻醬不僅有令人喜悅的芝麻香味，還因其含有豐富的維生素 E、鈣質、人體必需脂肪酸和礦物質等，是營養價值高的食材。本醬適合用於胡麻涼拌三絲、胡麻涼麵、川椒胡麻雞。

材料

A
芝麻醬	50g	烏醋	70g
涼開水	250g	白醋	13g
B		細砂糖	57g
醬油膏	115g	油潑辣子醬	8g

→P.34

作法

1 芝麻醬邊攪拌邊緩緩加入涼開水。

2 再加入材料B，攪拌均勻即可。

主廚叮嚀

＊ 如果不能吃辣，則可省略油潑辣子醬。

＊ 此醬鹹酸甜口味，可依個人口味增減。

＊ 可運用調理機或手持攪拌棒攪勻全部材料，更省力且易拌勻。

Sauce 好搭烹煮醬
糖醋醬

重量 830g ｜室溫 NO ｜冷藏 14天 ｜冷凍 3個月

菜餚中糖與酸度的結合，一向是多數人的喜好，酸醋能刺激味蕾，搭配甜度達成的圓滑，可運用到許多食材與料理，例如：咕咾肉、鍋粑蝦仁、宮保混蛋。

材料

果香高湯	150g	二砂糖	200g
	→P.66	紅話梅	1顆
番茄醬	200g	梅林醬	40g
白醋	200g	OK水果醬	40g

作法

1 全部材料放入鍋中。

2 以中火加熱煮滾即可。

主廚叮嚀

＊ 梅林醬又稱梅林辣醬油，西方則稱為伍斯特醬（worcestershire sauce）。

＊ 西班牙ok水果醬用許多水果製成，包含：番茄醬、棗椰泥、蘋果泥、香辛料萃取物、洋蔥粉等，帶綜合果香與酸甜。如不方便購買，則可省略。

$Sauce$ 好搭烹煮醬

川味青醬

重量 570g ｜ 室溫 NO
冷藏 7 天 ｜ 冷凍 3 個月

西式料理常用的青醬，以羅勒葉為主材料，而四川料理也可利用青辣椒、花椒油、蒜頭、青蔥製作出川味青醬，如飲食辣度為小辣，可用青龍椒等綠色甜椒代替，調整辣度。此醬適合書中的碧綠冰鎮水晶雞的沾醬、碧綠炒松阪肉的炒醬。

材料

A

青龍椒（去蒂頭）	250g
青蔥蔥綠	125g
蒜頭（去膜）	75g
紅蔥頭（去膜）	35g
薑（去皮）	35g

B

藤椒油（或花椒油）	50g
藤椒濃縮雞汁	15g
鮮辣汁	20g
鹽	5g
雞粉	15g
花生油	15g

作法

1　青龍椒、蔥綠放入140℃油鍋中，快速入鍋加熱20秒後撈起，保持色澤清脆。

2　蒜頭、紅蔥頭切碎，以160℃油溫炸至金黃後撈起瀝乾。

3　將全部材料A、B放入調理機，攪打均勻成細末即可。

主廚叮嚀

＊ 青醬的鮮綠色澤易因時間氧化，漸漸失去鮮綠光彩，建議少量製作，以確保新鮮與外觀。

＊ 藤椒濃縮雞汁與鮮辣汁可到販售營業用餐飲食材店購買，或將藤椒濃縮雞汁用雞湯罐頭或雞湯塊，加入現成藤椒油代替。

＊ 鮮辣汁的用途為提升辣度與鮮味露的特殊鹹香，市售有許多提升辣度的調味料，也可以替換，達到不同的效果。

＊ 可用藤椒油或花椒油覆蓋，隔絕空氣減少氧化作用。

Sauce 好搭烹煮醬
魚露風味醬

重量 875g｜室溫 NO｜冷藏 14 天｜冷凍 3 個月

中式烹調法的「蒸」，是保留食材原始風味
的手法之一，如同清蒸魚，就是把鮮魚運用
清蒸將其熟成，再倒入魚的專屬醬料使魚肉
釋出更多鮮甜與風味。此醬將香味與鹹鮮結
合，可以把清蒸或汆燙的食材提升不同層
次，適合用到清蒸鮮魚、白灼螺片、豆酥高
麗菜。

材料

A

白洋蔥（去膜）	25g
青蔥（去根部與老葉）	25g
薑（去皮）	25g
香菜（去除根部）	30g

B

鰹魚昆布高湯	600g→P.66
中式魚露	150g
醬油	150g
鮮味露	38g
蠔油	18g
冰糖	63g
黑胡椒粒	7g
米酒	50g

作法

1 洋蔥切 2 公分寬度環切片；青蔥整株對半切段；
薑切 0.5 公分厚度片狀，備用。

2 材料 A 放入鍋中，以小火煮 30 分鐘，熄火。

3 濾出高湯 600g，與材料 B 拌勻，再以中火煮滾
即可。

主廚叮嚀

＊ 煮滾的醬料放涼即可裝入玻璃罐保存，蒸魚蒸熟後淋上適
量，提升美味。

＊ 中式料理用的魚露，魚腥味較低、發酵氣味較為柔和；東南
亞風味的魚露，其鯷魚發酵的腥味較重。非烹調東南亞料
理，則多選擇中式魚露。

Sauce 好搭烹煮醬
五味醬

重量 1200g｜室溫 NO｜冷藏 14天｜冷凍 3個月

臺灣傳統辦桌文化中，冷盤開胃菜相當聞名即是以五味醬搭配九孔、魷魚等海鮮類食材，此醬由許多辛香料及調味料組成，多為醬油膏、番茄醬、糖、蒜頭、薑，能提升海鮮風味的層次感，達成酸甜鹹鮮辣。書中除了運用到基本的五味透抽，更結合其他調味料製成魚香茄盒、川味豆瓣魚。

🍴 材料

A		B	
蒜頭（去膜）	120g	細砂糖	240g
辣椒	60g	白醋	120g
（去蒂頭與籽）		烏醋	65g
薑（去皮）	120g	番茄醬	250g
青蔥	50g	醬油膏	60g
（去根部與老葉）		芝麻香油	60g
香菜	45g	辣椒醬	50g
（去梗與老葉）			

🍴 作法

1 全部材料A切細末。

2 再加入調味料B，一起拌勻至細砂糖溶解即可。

主廚叮嚀

＊ 鹹甜酸辣為主體味型，調配比例可以依個人喜好酌量增減。

Sauce 好搭烹煮醬
紅糟醬

重量 570g｜室溫 NO｜冷藏 14天｜冷凍 3個月

中式料理的閩菜、客家菜，喜歡將紅糟當調味主軸，搭配各式食材延伸許多佳餚。將紅糟做出調味醬，非常方便運用。本書用於醃製類的香酥紅糟鰻、燉煮類的紅糟雞、爆炒類的紅糟炒螺片。

🍴 材料

A		C	
紅麴米	100g	鹽	12g
米酒	100g	細砂糖	10g
紅露酒	110g	雞粉	15g
B		白胡椒粉	5g
芝麻香油	50g		
紅糟醬	260g		

🍴 作法

1 紅麴米用調理機打成細粉，並用米酒、紅露酒淹泡1小時。

2 起一乾鍋，加入芝麻香油，放入紅糟醬、作法1紅麴米，以小火炒香。

3 再加入調味料C，拌炒均勻即可。

主廚叮嚀

＊ 各品牌紅糟醬都有不同調味，建議以未調味為主。

Sauce 好搭烹煮醬
二湯調味水

重量 600g｜室溫 NO｜冷藏 14天｜冷凍 3個月

飯店或餐廳為了讓烹調速度加快，會事先準備許多醬料，連清炒也有二湯調味水。二湯的名稱意即將上湯熬煮濾除的老母雞、雞豬骨、金華火腿等，二次加水熬煮而成的二湯並調味。本書即運用熬煮家禽豬骨高湯進行調味，可以讓在家中更快速且穩定的烹調出清炒菜餚，例如：鮮炒時蔬、西芹炒中卷。

🍳 材料

A
家禽高湯 ───────────── 500g→P.67
B
鹽 ─────────────────── 15g
雞粉 ─────────────────── 23g
米酒 ─────────────────── 65g
濃縮雞汁（罐頭）─────────── 10g

🍴 作法

1 家禽高湯以中火煮滾，離火。

2 放入全部材料B，一起攪拌均勻即可。

主廚叮嚀

＊ 濃縮雞汁若不易購買，不加沒關係。

＊ 離火攪拌調味料，可以避免二湯調味水持續沸騰而導致過於混濁。

Sauce 好搭烹煮醬
古早味油蔥肉醬

重量 1480g｜室溫 NO｜冷藏 14天｜冷凍 12個月

中華料理的閩菜及臺菜，喜歡運用紅蔥頭煉製成油蔥入菜，油蔥酥的香味是臺菜的主要靈魂調味，除了料理中加炸過的紅蔥酥，甚至炒菜都會加些紅蔥油，增其香味及層次感。單一碗白飯熱麵，拌上油蔥肉醬就是一道快速充飢的佳餚，此醬也適用於炒米粉、客家炒板條。

🍳 材料

A
豬絞肉	800g	白胡椒粉	10g
蝦米（開陽）	50g	黑胡椒細粉	3g
豬油	300g	（古月粉）	

B
		五香粉	3g
紅蔥酥	200g	雞粉	15g
紅蔥油	200g	細砂糖	20g
醬油膏	200g	米酒	100g

🍴 作法

1 蝦米剁細備用。

2 豬油加熱熔化，以中小火將豬肉炒香。

3 再加入蝦米炒香，接著加入材料B，炒勻即可。

主廚叮嚀

＊ 油蔥酥可以用新鮮紅蔥頭煉製，香氣更足，並且可同時得到紅蔥酥以及蔥油。

＊ 豬絞肉與豬油可換成其他喜歡的食材，例如：豬肉絲、雞油、鴨油。

XO干貝醬

重量 500g｜室溫 NO｜冷藏 30 天｜冷凍 6 個月

XO 酒是高級酒的概念，早期香港廚師發明一款放入蝦籽、干貝、金華火腿、馬友鹹魚等高級食材組成的調味料，稱為 XO 醬。家中也可以做出這道高級調味料，運用到炒菜、炒飯、炒麵，甚至一碗熱飯，或熱麵加入一、兩匙，拌勻即是美味的乾拌麵。適合用於 XO 醬炒雙鮮、XO 醬炒蘿蔔糕。

材料

A
乾干貝 ——————— 100g
米酒 ————————— 100g
水 —————————— 200g

B
紅蔥頭（去膜）—— 100g
蒜頭（去膜）——— 100g
馬友鹹魚 ————— 20g

C
蝦米（開陽）——— 20g
朝天椒（去蒂頭）— 100g

D
沙拉油 ————————— 400g
細砂糖 ————————— 10g
鰹魚粉 ————————— 15g
雞高湯粉 ———————— 20g

🍴 作法

1 乾干貝用材料A的米酒和水淹泡30分鐘，再放入蒸籠，以大火蒸30分發泡後取出，干貝放涼後搓散成細絲備用。

2 紅蔥頭、蒜頭、蝦米、朝天椒切成米粒尺寸；馬友鹹魚挑刺後將魚肉切小丁，備用。

3 起一油鍋，加入材料D沙拉油，以大火加熱至油溫150℃，放入蒜頭，轉小火炸成蒜頭酥即撈起並瀝油。

4 將紅蔥頭放入作法3油鍋，以小火炸成油蔥酥後撈起；將干貝絲放入油鍋，以小火炸成干貝酥後撈起；接著小火炸鹹魚至酥後撈起，備用。

主廚叮嚀

＊炸蒜頭與紅蔥頭時必須留意撈起的時機，因會後熟，故不能等到炸到完全金黃色才撈起，將會過熟及焦黑。

＊作法3、4的油溫不可太高，只要炸到水分減少、細泡變少，就可準備撈起。

＊此醬大部分是使用馬友鹹魚，在專業南北貨行能購得，如不易購買則換成容易取得的鹹魚種類，能讓XO醬增加魚類的香氣。

5 同一鍋油，放入蝦米、朝天椒，以小火炒香，熄火，再放入炸酥的干貝絲、全部材料B，攪拌均勻，熄火。

6 將細砂糖、鰹魚粉、雞高湯粉加入作法5鍋中，攪拌均勻即可起鍋。

主廚叮嚀

＊炒好蝦米和辣椒後，必須熄火再放入炸好的干貝酥、紅蔥酥、蒜頭酥等材料，避免溫度再讓食材過度烹調而產生焦苦味。

Sauce 好搭烹煮醬
日式風味鰹魚醬

重量 800g | 室溫 NO | 冷藏 14 天 | 冷凍 3 個月

日系風格的料理應用當中，多以昆布鰹魚高湯為基底，再進階分出有調味及沒調味的，此醬即是可運用到烹調中帶有鹹度的鰹魚醬，做出薑汁燒肉、韓式麻藥蛋、日式炒牛蒡。

🍶 材料

鰹魚昆布高湯	400g→P.66
鰹魚醬油	250g
味霖	200g

🍴 作法

1 全部材料放入鍋中。

2 以中火煮滾即可起鍋。

主廚叮嚀

＊ 將鹹度提升，可以降低醬料敗壞的速度。

＊ 味霖可用等量的細砂糖替換，鰹魚醬油250g可換成一般醬油200g。

Sauce 好搭烹煮醬
西檸汁

重量 940g | 室溫 NO | 冷藏 14 天 | 冷凍 3 個月

西檸魚酥屬於粵菜的一道經典特色菜，西檸汁晶瑩剔透帶淡黃色，以檸檬的酸味為主味，尾韻帶有淡雅甜味，屬於香港大排檔盛行的特色醬料，還可用於西檸雞、鳳梨果律蝦球。

🍶 材料

A		B	
果香高湯	250g	檸檬綠皮	1g
	→P.66	檸檬果醋	120g
細砂糖	250g	萊姆汁	250g
		新鮮檸檬汁	45g
		卡士達粉	25g

🍴 作法

1 果香高湯以中火煮滾，再放入細砂糖，攪拌至滾，熄火後放涼。

2 再加入材料B，拌勻至卡士達粉完全溶解即可。

主廚叮嚀

＊ 運用磨泥器將檸檬的綠色果皮磨出，磨出果皮時勿刨到白膜，避免苦味。

＊ 萊姆汁即萊姆風味香蜜，一般拿來調製飲品，如果不易購買，可以換成檸檬濃縮果汁或檸檬果醬。

橙香汁

重量 1150g｜室溫 NO｜冷藏 14天｜冷凍 3個月

橙汁排骨屬於粵菜經典之一，是許多人上餐館必點的菜餚，此醬運用柳橙果香與搭配酸香甘甜口味，令人促進食慾。將此醬用於橙花排骨、果香鮮蝦，此外還能將醬料與優格結合，就是香橙優格醬，搭配生菜，亦可當作食材沾醬。

材料

A
柳橙 ⋯⋯⋯⋯⋯⋯⋯⋯⋯⋯ 1個（80g）
果香高湯 ⋯⋯⋯⋯⋯⋯⋯ 100g→P.66
B
細砂糖 ⋯⋯⋯⋯⋯⋯⋯⋯⋯⋯⋯ 400g
橘子風味飲料沖泡粉 ⋯⋯⋯⋯⋯ 3g
濃縮柳橙汁 ⋯⋯⋯⋯⋯⋯⋯⋯ 140g
C
卡士達粉 ⋯⋯⋯⋯⋯⋯⋯⋯⋯⋯ 25g
君度橙酒 ⋯⋯⋯⋯⋯⋯⋯⋯⋯ 150g
白醋 ⋯⋯⋯⋯⋯⋯⋯⋯⋯⋯⋯ 300g
鹽 ⋯⋯⋯⋯⋯⋯⋯⋯⋯⋯⋯⋯⋯ 1g

作法

1 柳橙洗淨後用磨泥器刨出橙色表皮，再放入果香高湯中，以中火煮滾後過濾出高湯，放涼。

2 柳橙去白膜後取出果肉，將果肉切丁；卡士達粉與50g君度橙酒攪拌均勻，備用。

3 放涼的作法1高湯和材料B，一起攪拌均勻至糖和粉溶解。

4 再加入白醋、鹽、100g君度橙酒、作法2全部材料，攪拌均勻即可。

主廚叮嚀

＊ 若不方便買到橘子風味飲料沖泡粉，可省略。

＊ 磨出柳橙外皮時勿刨到白膜，避免苦味。

＊ 濃縮柳橙汁可以換成市售果肉柳橙汁，並不加水。

＊ 卡士達粉以玉米粉主體，故需要放涼再攪拌均勻，避免澱粉糊化現象。

蜜汁照燒醬

燒烤與串燒是常見的其中一種烹調方式，燒烤除了醃製很重要之外，醬料也是一個重要的靈魂。蜜汁燒烤是許多人喜愛的調味方式，製作此醬不只可以當成燒烤塗醬，也能運用於書中的韓式炸雞、蜜汁叉燒、照燒烤雞串。

A 版

重量 850g ｜ 室溫 7 天
冷藏 3 個月 ｜ 冷凍 12 個月

材料

A

米酒	360g

B

冰糖	180g
麥芽糖	15g
醬油	300g
柴魚片	15g

作法

1　米酒先倒入鍋中，以大火煮滾。

2　轉小火煮3～5分鐘降低酒精濃度。

3　再放入全部材料B，以小火繼續邊煮邊拌，慢煮至醬料濃稠，起鍋並過濾即可。

主廚叮嚀

＊ 熬煮過撈起的柴魚片，可以加入熟白芝麻當成小菜食用。

＊ 運用米酒代替水分液體，可以更容易保存以及收汁。

＊ 若要快速減少酒味，則能運用酒精點火，但過程必須小心，並且避免鍋子上方擺放易導火的物品。

B 版

重量 470g ｜室溫 7 天
冷藏 3 個月 ｜冷凍 12 個月

材料

蒜頭（去膜）	25g
墨西哥香料粉	20g
七味辣椒粉	25g
黑胡椒粗粒	25g
紅麴粉	10g
沙茶醬	75g
蜂蜜	150g
醬油膏	150g

作法

1　全部材料放入調理機。

2　攪打均勻成細末泥狀即可。

主廚叮嚀

＊ 兩種版本蜜汁燒烤醬，各有不同風味，可以依自己喜好選用。

＊ 七味辣椒粉可依照個人辣度，增減使用量。

＊ 紅麴粉用途為增加紅潤色澤，不添加亦可，不影響口味。

Sauce 好搭烹煮醬
巴東咖哩牛肉醬

重量 1150g｜室溫 7 天｜冷藏 14 天｜冷凍 3 個月

印尼有一道著名傳統美味料理稱為「巴東牛肉」，將巴東牛肉的醬料調成快速醬，讓大家能運用此風味醬，做出除了巴東牛肉以外的料理，比如書中的巴東燒牛肉、巴東風味湯麵、巴東炒飯。

主廚叮嚀

＊ 南薑可以買現成的南薑粉代替。

＊ 咖哩粉可依個人喜好的品牌替換，並多加嘗試來找到適合的風味。

＊ 乾辣椒醬是用乾辣椒50g泡熱水至軟，瀝除水分後加入沙拉油15g攪打成泥。

＊ 羅旺子醬可於東南亞材料行或專業營業用雜貨行購得，也可將羅旺子經過熱水浸泡、過濾壓泥取得。

＊ 酸角醬又稱羅旺子醬，為羅望子去除外殼、果核與粗纖維後的果肉，運用熱開水浸泡軟化後，將果肉壓成泥狀，便可製成羅望子醬，此醬多用來烹調東南亞料理。

🍶 材料

A

蒜頭（去膜）	100g
白洋蔥（去膜）	100g
紅蔥頭（去膜）	100g
南薑	50g
沙拉油	300g

B

香茅	30g
桂皮	10g
月桂葉	2g
小茴香	5g

C

乾辣椒醬	75g
蝦醬（塔拉煎）	30g
酸角醬（羅旺子醬）	30g

D

牛骨高湯	300g→P.70
椰漿	200g
肉類咖哩粉	45g
孜然粉	30g
細砂糖	15g
鹽	10g
辣椒粉	15g
薑黃粉	15g
椰子粉	15g

🍴 作法

1 將材料A的蒜頭、洋蔥、紅蔥頭、南薑放入調理機，攪打成細末。

2 起一乾鍋，倒入沙拉油，再放入作法1材料，以小火炒至釋出香氣。

3 再放入材料B，繼續炒香，接著加入材料C炒香。

4 放入材料D，以中火煮滾後轉小火，熬煮15分鐘，撈出香茅、桂皮、月桂葉，離火放涼。

5 用手持攪拌棒（或調理機）攪打成綿密泥狀即可。

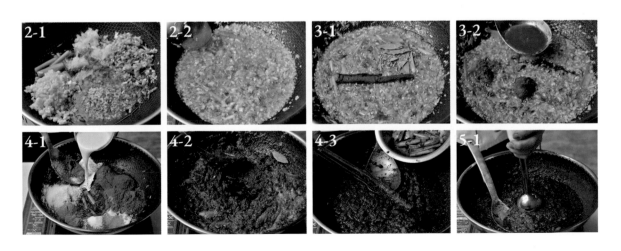

Sauce 好搭烹煮醬

泰式酸辣紅醬

重量 1200g｜室溫 NO｜冷藏 14 天｜冷凍 3 個月

泰國位處東南亞，由於天氣悶熱，故泰式料理常用幾個主調味料促進食慾、達成豐富且明顯的組合，比如檸檬汁、泰式魚露就是常備調味，並運用蒜頭、辣椒達成辣度，就是泰式酸辣紅醬的基礎構成元素。可運用於酸辣蝦湯、蒜香酸辣海鮮義大利麵、泰式檸檬魚。

材料

A

檸檬果肉	50g
蝦高湯	500g→P.71
檸檬葉	5g
南薑粉	2g

B

辣椒（去蒂頭）	30g
白洋蔥（去膜）	35g
蒜頭（去膜）	25g
紅蔥頭（去膜）	25g
蝦米（開陽）	25g
香茅	35g

C

沙拉油	200g
泰國酸辣醬	100g
泰式魚露	115g

D

鹽	10g
雞粉	25g
細砂糖	25g
新鮮檸檬汁	25g

作法

1　檸檬果肉切片；材料B切末，備用。

2　蝦高湯煮滾，放入檸檬葉，以小火熬煮20～30分鐘。

3　鍋中倒入沙拉油，放入材料B，以小火炒香。

4　再放入酸辣醬炒香，接著放入魚露、作法2高湯與調味料D，轉中火煮滾，離火放涼。

5　用手持攪拌棒（或調理機）攪打成綿密泥狀。

主廚叮嚀

＊ 泰式酸辣醬可以用羅望子泡水、鯷魚罐頭、乾辣椒、蝦乾、泰式魚露混合攪細拌勻代替。

＊ 因為香茅、南薑質地較為堅硬，不好攪碎，故先用刀切細，會更好達成炒香，以及最後的攪泥步驟。

Sauce 好搭烹煮醬
泰式蝦醬

重量 670g ｜ 室溫 NO ｜ 冷藏 14 天 ｜ 冷凍 3 個月

泰式料理中常會用到泰式魚露、蝦醬，當成
海味鮮香的代表調味料，只有蝦醬卻不知道
如何融入料理的時候，這裡教您運用蝦醬添
加其他調味料，做成快速方便醬，後續可以
直接入菜。此醬適合用到蝦醬空心菜、辣椒
炒螃蟹、蝦醬拌麵。

材料

A
蝦米（開陽）	50g
蝦高湯	150g→P.71
米酒	70g

B
蒜頭（去膜）	100g
紅蔥頭（去膜）	50g
蝦膏	25g
蔥油	80g

C
蠔油	50g
泰式魚露	50g
白胡椒粉	5g
細砂糖	50g

作法

1　蝦米泡入蝦高湯與少許米酒，軟化後撈除蝦米，
蝦高湯備用。

2　蒜頭、紅蔥頭切末，經過油炸手法，依序放入
150℃油鍋，以小火炸酥即撈起並瀝油。

3　蝦膏與蔥油用調理機攪打成油糊狀，再倒入炒
鍋，接著放入蝦米，以小火炒香。

4　再加入蝦高湯、蒜頭酥、紅蔥酥與材料C，煮滾
後熄火，用手持攪拌棒（或調理機）攪打成細末
均勻。

主廚叮嚀

＊ 如喜歡蝦的顆粒口感，可於最後步驟不要打得太細。

＊ 若想更簡便，可買現成的蒜頭酥、紅蔥酥，替換蒜頭與紅
蔥頭。

Sauce 好搭烹煮醬

紅咖哩醬

重量 1390g｜室溫 NO｜冷藏 14 天｜冷凍 3 個月

咖哩是多種類的複合式香料，起源於印度家庭中常備的香料混合，例如：丁香、肉桂、
芫荽、辣椒、各式胡椒、肉豆蔻等香料，搭配可增加色澤的薑黃，和薑、大蒜、洋蔥
等香氣食材，依照個人喜好所搭配組成。紅咖哩代表著添加紅辣椒，使其外觀顏色紅
潤，並帶有咖哩元素。適用於馬來咖哩燒魚頭、泰皇炒螃蟹、咖哩美乃滋佐酥炸大蝦。

材料

A

乾辣椒醬	250g
乾辣椒	50g
沙拉油	200g

主廚叮嚀

＊ 從炒料開始，每次加醬料
　時需炒出香氣及油亮，才
　可加入下一個醬料。

B

紅蔥頭（去膜）	100g
蝦醬（塔拉煎）	30g
蒜頭（去膜）	70g
香茅	5g
辣椒（去蒂頭與籽）	50g

C

肉類咖哩粉	60g
薑黃粉	15g
蝦高湯	120g→P.71

D

椰子水	200g
椰漿	400g
鹽	15g
雞粉	20g
細砂糖	10g
白胡椒粉	10g

🍴 作法

1　乾辣椒醬：材料A的乾辣椒放入水中煮滾（或泡熱水至軟），
　　離火待乾辣椒變軟，瀝乾水分並瀝出所有的辣椒籽。

2　作法1乾辣椒和沙拉油放入調理機，攪打成細泥的辣椒醬。

3　紅蔥頭切末，蝦醬先用烤箱烤至乾燥，能更容易撥散。

4　全部材料B和沙拉油放入調理機，攪打成光滑的糊狀物。

主廚叮嚀

＊ 如買不到新鮮檸檬葉，則可
　省略。

＊ 烹調過程不加水，若覺得太
　乾，可添加適量沙拉油濕潤。

＊ 已完成的紅咖哩若太乾，可以
　添加適量椰漿拌勻即可。

＊ 宜選擇稍有深度的鍋具，以免
　炒製過程中造成醬料噴飛。

5　全部材料C放入調理盆，攪拌成濃稠的糊狀物。

6　起一乾鍋，倒入100g沙拉油加熱，加入糊狀材料B，以中火拌炒出香氣。

7　炒出香氣後，加入3大匙乾辣椒醬，續炒出香氣，再加入糊狀材料C，繼續
　　炒出香氣及油光。

8　轉小火，接著加入打好的乾辣椒醬、全部材料D，慢慢煮至沸騰即可關火。

紅醬

重量 1100g ｜ 室溫 NO ｜ 冷藏 14 天 ｜ 冷凍 3 個月

西式料理中常會運用到番茄糊為主而延伸的醬料，會稱為紅醬或蘑菇醬，再添加肉末與香料，即可變成義大利肉醬，此醬是義大利麵的經典醬料之一。運用廣泛，比如書中的義大利肉醬麵、紅酒燉牛肉。

材料

A

絞肉（牛肉或豬肉）	150g
白洋蔥（去膜）	60g
紅蔥頭（去膜）	80g
番茄（去膜）	80g
蒜頭（去膜）	60g

B

橄欖油（或沙拉油）	100g
低筋麵粉	20g
番茄糊	150g
番茄醬	30g

C

蔬菜高湯	450g→P.65
紅酒	60g
無鹽奶油	20g
A1牛排醬	35g
梅林醬	45g
動物性鮮奶油	40g
鹽	15g
雞粉	20g
黑胡椒粗粒	10g
細砂糖	20g
義大利綜合香料	1g
帕瑪森起司粉	15g

作法

1 洋蔥、紅蔥頭、番茄、蒜頭全部切末。

2 起一乾鍋，倒入橄欖油，以小火炒香絞肉。

3 再加入麵粉、作法1材料、番茄糊和番茄醬，繼續炒香。

4 接著加入全部材料C，炒勻及滾沸即可。

主廚叮嚀

＊ 絞肉可依個人喜好採用牛或豬肉，或不添加絞肉也可以。

＊ 梅林醬屬於烏斯特香醋的一種，也可以替換使用。

＊ 運用蔬菜高湯可以省略芹菜、紅蘿蔔，蔬菜高湯也可換成等量的家禽高湯。

白醬

重量 1200g ｜室溫 NO ｜冷藏 14天 ｜冷凍 3個月

西式料理的白醬以炒麵粉以及乳製品為主，使外觀成為乳白色、奶香濃郁的口感，市面上常見有白醬義大利麵、燉飯等運用，本書則用於奶油焗白菜、芝士大蝦意麵。

材料

A

白洋蔥（去膜）	100g
培根	50g
豚骨高湯	1000g→P.67
迷迭香葉	1g
百里香葉	1g
橄欖油（或沙拉油）	100g
低筋麵粉	70g

B

濃縮雞湯（罐頭）	35g
牛奶	350g
奶水	135g
乾燥羅勒葉	3g
白胡椒粉	1g
起司粉	5g
鹽	20g
雞粉	15g
細砂糖	10g
無鹽奶油	30g

作法

1 洋蔥、培根切丁；豚骨高湯、迷迭香葉、百里香葉放入鍋中，以中火煮出香味，過濾留高湯，備用。

2 取一乾鍋，倒入50g橄欖油，以小火炒香洋蔥，加入作法1高湯，熬煮至洋蔥軟化，熄火備用。

3 剩餘50g橄欖油倒入另一乾鍋，以小火炒香麵粉、培根，將作法2材料加入鍋中，再加入材料B，拌勻及煮滾，用調理棒或調理機攪打成液態即可。

主廚叮嚀

＊ 奶水是兩倍濃縮的牛奶，市售有許多品牌可挑選。

＊ 添加奶水的用意是增加乳香濃郁度，若全部用牛奶也可以。

＊ 迷迭香、百里香與羅勒葉等香氣，可以依個人喜好增減量。

Sauce 好搭烹煮醬
堅果羅勒青醬

重量 550g｜室溫 NO｜冷藏 7～14天｜冷凍 3個月

西式料理中有將羅勒葉搭配松子、鯷魚組成的青醬，達成外觀色澤鮮綠、香氣濃郁，將熟成的食材或是白飯攪拌醬料，就是美味的主食料理。此醬適用於青醬蛤蜊義大利麵、堅果青醬燉飯、青醬鮮蝦披薩。

🍴 材料

A
羅勒葉（去梗與老葉） ⋯⋯⋯⋯⋯ 150g
蒜頭（去膜） ⋯⋯⋯⋯⋯⋯⋯⋯ 50g
松子 ⋯⋯⋯⋯⋯⋯⋯⋯⋯⋯⋯⋯ 30g
腰果 ⋯⋯⋯⋯⋯⋯⋯⋯⋯⋯⋯⋯ 30g
杏仁 ⋯⋯⋯⋯⋯⋯⋯⋯⋯⋯⋯⋯ 10g

B
帕瑪森起司粉 ⋯⋯⋯⋯⋯⋯⋯⋯ 50g
鹽 ⋯⋯⋯⋯⋯⋯⋯⋯⋯⋯⋯⋯⋯ 2g
雞粉 ⋯⋯⋯⋯⋯⋯⋯⋯⋯⋯⋯⋯ 6g
新鮮檸檬汁 ⋯⋯⋯⋯⋯⋯⋯⋯⋯ 10g
橄欖油 ⋯⋯⋯⋯⋯⋯⋯⋯⋯⋯⋯ 300g
黑胡椒粒 ⋯⋯⋯⋯⋯⋯⋯⋯⋯⋯ 2g

🍴 作法

1 羅勒葉用水浸泡後洗淨，用脫水器或餐巾紙除去水分。

2 將松子、腰果、杏仁放入調理機，先攪打成細末。

3 再將羅勒葉、蒜頭和材料B放入調理機中，繼續攪打均勻成細末即可。

主廚叮嚀

＊ 醬料濃稠度可以用橄欖油量調整。

＊ 可以再加洋香菜30g，增加不同層次香氣。

＊ 羅勒葉綠色接觸空氣會導致氧化，故裝瓶保存時，必須讓橄欖油封頂、隔離空氣。若買不到羅勒葉，可以用九層塔代替。

＊ 羅勒葉、橄欖油可以先冰存，降低溫度後再攪細，能避免攪打時溫度太高而加速羅勒葉氧化。

＊ 青醬配方通常會加入鯷魚，由於使用量不多，若買不到可以省略，如有購得鯷魚罐頭，可以添加1大匙，增添風味。

Sauce 即拌沾淋醬

蔥薑風味醬

重量 700g｜室溫 NO｜冷藏 28天｜冷凍 NO

港式燒臘常會看到肉品旁邊搭配的蔥薑醬，可以讓整道料理香氣以及口感再次加分。蔥薑醬作法很簡單，在家中就能百分百複製。書內搭配此醬為白斬雞、蔥薑五花肉串。

🍴 材料

A
青蔥（去根部與老葉）	300g
薑（去皮）	100g
芝麻香油	150g

B
鹽	15g
雞粉	15g
白胡椒粉	10g
紅蔥油	150g

🍴 作法

1 青蔥、薑切細末，再盛入耐熱容器。

2 芝麻香油加熱至170℃，沖入作法1中。

3 溫度降低至不燙手時，加入全部材料B，攪拌均勻即可。

主廚叮嚀

※ 此醬保存時，油必須覆蓋過食材，如此隔絕空氣才不易導致腐敗。

Sauce 即拌沾淋醬

蒜泥沾醬

重量 1050g｜室溫 NO｜冷藏 14天｜冷凍 3個月

不論小吃或是餐館，從臺式到港式，都會有一道蒜蓉沾醬或淋醬，從水餃、燒賣、炸物、煎物到蒜泥白肉，美味靈魂蒜蓉醬不可或缺，沾此醬必定能讓主食材增味不少。本書運用於鮮蝦燒賣、港式蘿蔔糕。

🍴 材料

A
蒜頭（去膜）	180g
鰹魚昆布高湯	180g→P.66

B
細砂糖	185g
醬油膏	600g
五香粉	1g
白胡椒粉	2g
烏醋	30g
BB美美辣醬	30g
芝麻香油	50g

🍴 作法

1 蒜頭切成細末備用。

2 高湯以中火煮滾，加入蒜末，拌勻後離火，放入全部材料B，攪拌均勻即可。

主廚叮嚀

※ 五香粉與白胡椒粉為增加香氣層次的用途，量可以依個人口味增減，不加也可以。

Sauce 即拌沾淋醬

海山辣椒醬 重量 720g｜室溫 NO｜冷藏 14天｜冷凍 3個月

臺灣小吃常看到紅潤的醬料就是海山醬，相傳早期是由中國廣東、福建帶來臺灣的一款醬料，配方有番茄醬、醬油膏、味噌以及糖等所組合，再延伸出帶有辣椒辣度的，就成為甜辣醬風味，並加入在來米粉將其勾芡達成濃稠狀，就是一款常備的萬用沾醬或淋醬。適用於粉漿蛋餅、蚵仔煎、肉圓。

🍳 材料

A

水	450g
在來米粉	30g
芝麻香油	50g
番茄醬	70g
辣椒醬	20g

B

醬油膏	25g
細砂糖	40g
白味噌	40g

🍴 作法

1 取60g水與在來米粉攪拌成粉糊。

2 起一乾鍋，倒入芝麻香油，以小火炒香番茄醬、辣椒醬。

3 再加入剩餘的390g水與材料B煮滾，將作法1粉糊倒入鍋中勾芡即可。

主廚叮嚀

＊ 辣椒醬可換成辣椒粉，辣度可依個人口味增減。

＊ 番茄醬是以番茄製作的調味品，味道酸、甜、鹹。中式料理常用來增加紅潤色澤、補足果酸香氣。

Sauce 即拌沾淋醬

拌麵醬油

重量 340g｜室溫 3天｜冷藏 30天｜冷凍6個月

不論從拌麵或是涼拌類，總需要一款醬油調味料增其鹹香，讓主食材有更佳的呈現。本書用於老皮嫩肉、重慶小麵。

材料

醬油	260g
冰糖	52g
二砂糖	36g

作法

1 全部材料放入調理盆。

2 攪拌均勻至糖溶解。

主廚叮嚀

＊ 選擇細顆粒的冰糖，可以更容易溶解，或用調理機攪打均勻即可。

＊ 可以邊小火加熱邊攪拌，將糖類攪至熔化且更容易攪勻。

Sauce 即拌沾淋醬

和風鰹魚醬油

重量 600g｜室溫 NO｜冷藏 14天｜冷凍 3個月

日式和風涼麵是許多人喜歡的風味，運用鰹魚與醬油結合，不需過多的油脂，符合目前注意減脂與低熱量的喜好。適合用在日式涼麵、揚出豆腐、溏心蛋。

材料

鰹魚昆布高湯	400g→P.66
鰹魚醬油	120g
味霖	100g

作法

1 全部材料倒入鍋中拌勻。

2 以大火煮滾即可。

主廚叮嚀

＊ 鰹魚醬油用個人喜歡的品牌皆可。

＊ 因為有鰹魚昆布高湯，所以鰹魚醬油也可用一般醬油代替。

Sauce 即拌沾淋醬

果香和風醬

重量 810g │ 室溫 NO │ 冷藏 14天 │ 冷凍 3個月

日式和風沙拉有一款基本且大眾化的淋醬，就是添加水果元素調配的和風醬，果香酸搭配鹹甜配方，促進唾液生成達成食慾大振。本書用於涼拌寒天脆藻、蛋香過貓卷佐果香醬。

🍴 材料

A

白洋蔥（去膜）	50g	蘋果果醋	30g
涼開水	30g	烏醋	30g
柳橙果肉	50g	新鮮檸檬汁	20g
B		白葡萄酒	10g
橄欖油	150g	柚子粉	5g
醬油	40g	果香高湯	300g
細砂糖	100g		→P.66

🍴 作法

1 洋蔥與涼開水用調理機攪打成細汁；柳橙果肉切成小丁，備用。

2 材料A、材料B混合，攪拌均勻即可。

主廚叮嚀

＊ 柳橙可以換成其他喜歡的水果，產生不同的風味。

＊ 蘋果果醋可換成喜歡的果醋，品嚐不一樣的香氣。

Sauce 即拌沾淋醬

和風生菜醬

重量 590g │ 室溫 NO │ 冷藏 14天 │ 冷凍 3個月

日式和風生菜沙拉的基本風味，就是油醋醬搭配，將鰹魚搭配酸鹹甜調味，與和風鰹魚醬油最大不同即是此醬會添加酸度，並運用油脂達成生菜滑順度，酸醋味型促進食慾，簡單拌上一些綜合生菜，就是一道清爽的開胃菜，本書用於和風拌洋蔥。

🍴 材料

A

白洋蔥（去膜）	50g	鰹魚醬油	40g
蒜頭（去膜）	30g	細砂糖	100g
B		白醋	20g
芥末籽	10g	烏醋	40g
橄欖油	150g	涼開水	150g

🍴 作法

1 洋蔥切小塊，和蒜頭、涼開水一起放入調理機，攪打成細汁。

2 材料A和材料B攪拌均勻即可。

主廚叮嚀

＊ 醬料的鹹酸甜比例，可依個人口味增減。

Sauce 即拌沾淋醬

果香優格醬

重量 750g｜室溫 NO｜冷藏 14天｜冷凍 NO

水果搭配健康優格調製而成，是現今許多不喜歡美乃滋者的愛醬之一，健康食材優格達成酸味，搭配生菜或是炸物，總是令人愛不釋手。本書用於水果堅果優格沙拉、香料魚酥佐果香優格醬。

材料

A		B	
檸檬綠皮	5g	優格	500g
柳橙果肉	50g	百香果醬	150g
		新鮮檸檬汁	30g
		蜂蜜	20g

作法

1 檸檬綠皮切細末；柳橙果肉切小丁，備用。

2 材料A和材料B攪拌均勻即可。

主廚叮嚀

＊ 檸檬皮可用磨泥器削出綠皮。

＊ 柳橙果肉可換成芒果或其他水果的果肉。

Sauce 即拌沾淋醬

泰式涼拌醬

重量 1100g｜室溫 NO｜冷藏 14天｜冷凍 3個月

泰式涼拌醬用是拉差辣椒醬、檸檬汁、泰式魚露、蒜頭和辣椒所組成，與泰式酸辣醬最大不同是本醬用調理機攪打均勻，使其外觀有紅潤色澤及更有濃稠度，可以使其附著於生菜或是主食材上。本書用於泰式風味涼拌生菜、泰式涼拌海鮮。

材料

蒜頭（去膜）	180g
朝天椒（去蒂頭）	90g
是拉差辣椒醬	300g
泰式甜雞醬（燒雞醬）	150g
泰式魚露	60g
新鮮檸檬汁	160g
細砂糖	180g

作法

1 全部材料放入調理機。

2 攪打均勻成泥狀即可。

主廚叮嚀

＊ 吃辣程度不高的朋友，則可省略朝天椒，或是放入大條辣椒。

＊ 本醬的辣度來源為是拉差辣椒醬與朝天椒，嗜辣者可再加20g以上的辣椒醬。

Sauce 即拌沾淋醬

泰式酸辣醬

重量 900g｜室溫 NO｜冷藏 14 天｜冷凍 3 個月

泰式風味醬有融入蒜頭、檸檬以及泰式魚露，這是一款清爽的配比醬料，比較不濃稠，淋於炸物可避免過度的負擔，並降低油膩感。本書用於泰式風味椒麻雞、酸辣涼拌青木瓜。

材料

A

蒜頭（去膜）	45g
朝天椒（去蒂頭）	18g

B

新鮮檸檬汁	180g
白醋	180g
細砂糖	180g
泰式甜雞醬（燒雞醬）	180g
泰式魚露	45g
醬油	90g

作法

1 蒜頭、朝天椒切末。

2 材料B攪拌均勻至糖溶解。

3 再放入蒜末與辣椒末，拌勻即可。

主廚叮嚀

＊ 此醬辣度是以朝天椒與蒜頭為主，個人辣度喜好則以辣椒的種類與比重決定。

蔬菜高湯

重量 5000g｜室溫 NO｜冷藏 14 天｜冷凍 6 個月

蔬菜高湯的基礎概念以蔬果原始的香甜味為主，蔬菜高湯能用於素菜，也適合葷菜料理，若想要其他高湯、醬料與料理更加豐富，可以先熬煮蔬菜高湯當基底，再用蔬菜高湯來熬煮本書的家禽高湯、豚骨白湯、牛骨高湯、蝦高湯、鰹魚昆布高湯。

材料

水	6000g
白洋蔥（去膜）	300g
甜玉米（去殼）	500g
白蘿蔔（去皮）	500g
西洋芹（去根部和老葉）	150g
甘蔗（去皮）	500g
老薑	500g

作法

1 洋蔥剖半再剖半；玉米切小段；白蘿蔔切大塊；西洋芹切大段，備用。

2 甘蔗切大段後微拍扁；老薑洗淨後微拍扁，備用。

3 全部材料放入深鍋，以大火煮滾後，再轉小火繼續熬煮1小時，熄火後過濾出高湯即可。

甘蔗能增加高湯的甘甜味，若非當季盛產或無法購得，可省略。

主廚叮嚀

＊蘿蔔不論紅蘿蔔或白蘿蔔皆可使用。

＊可將食材去頭尾後加入一起熬煮，例如：蘿蔔頭尾、芹菜葉、去外葉菜心的高麗菜的下腳料（指零碎而沒太多價值的材料）。

Soup 鮮甜高湯

果香高湯

重量 2500g｜室溫 NO｜冷藏 14天｜冷凍 6個月

運用水果元素熬煮的果香高湯，將入菜單調的水，形成有水果香氣的高湯，烹調常用於糖醋般酸甜風味，更可用於食譜中的老醋酸甜醬、糖醋醬、蜜汁燒烤醬、橙汁、西檸汁。

🍴 材料

A		B	
鳳梨	500g	檸檬（去皮）	150g
蘋果	150g	柳橙（去皮）	150g
番茄	150g	C	
		水	3000g
		白話梅	30g

🍴 作法

1 將材料A蔬果的外皮洗淨備用。

2 材料A、材料B切片後放入深鍋，加入水、白話梅，以大火煮滾。

3 轉小火繼續熬煮1小時，過濾出高湯即可。

主廚叮嚀

＊ 水果種類可依手邊現有來添加，不同的水果會呈現不一樣的風味。

＊ 檸檬柳橙類的水果，白膜會略帶苦味，如講究可以將白膜夾層去除，只加入皮層與果肉熬煮。

Soup 鮮甜高湯

鰹魚昆布高湯

重量 2500g｜室溫 NO｜冷藏 3～5天｜冷凍 6個月

日式料理常備之高湯，運用乾燥的昆布與鰹魚熬煮與浸泡，將昆布的鮮甜甘味與鰹魚的鮮美香氣結合，除了製作昆布火鍋、烹調菜餚時可添加，更運用於本書的拌麵醬油、和風鰹魚醬油、韓式麻藥蛋、溏心蛋、老皮嫩肉、揚出豆腐、日式炒牛蒡。

🍴 材料

蔬菜高湯	3000→P.65
昆布	50g
鰹魚片	100g

🍴 作法

1 蔬菜高湯用大火煮滾後，放入昆布，轉小火煮30分鐘。

2 接著放入鰹魚片，繼續小火煮10分鐘，熄火。

3 浸泡1小時，過濾出高湯即可。

主廚叮嚀

＊ 也可用滾水泡昆布與鰹魚片，泡至隔天使用。

＊ 湯色呈現淡琥珀色為標準，蔬菜高湯可以等量水替換。

＊ 用棉布材質過濾滷包袋或茶包袋濾網過濾，更能濾得清澈高湯。

肉骨可換成容易取得的種類，
比如超市販售的整副雞胸骨
或市場去骨後之腿骨。

Soup 鮮甜高湯

家禽高湯

重量 2500g｜室溫 NO｜冷藏 14 天｜冷凍 6 個月

動物性高湯可以融入容易購買之動物性食材，各種動物性皆有不同香氣與甜度，將雞鴨類的分出家禽類高湯，目的是讓有豬肉飲食禁忌者可以替換使用。如果沒有豬肉禁忌者，可於材料表中再添加豬絞肉 300 至 500g 一起熬煮。此高湯適合熱炒料理，為添加水分的來源。

材料

A
雞骨	300g
鴨骨	400g
老薑	100g
白洋蔥（去膜）	300g

B
蔬菜高湯	3000g→P.65
雞油	50g
米酒	200g

作法

1 雞鴨骨頭洗淨；老薑洗淨後微拍扁；洋蔥切4等份，備用。

2 額外準備水1000g於鍋中，放入雞鴨骨，以大火煮滾後轉中大火，煮5～10分鐘，熄火，撈起肉骨，並用清水去除血沫髒汙。

3 將全部材料放入另一個深鍋，以大火煮滾，轉小火繼續熬煮1小時，過濾出高湯即可。

主廚叮嚀

＊ 鴨骨如不好購得，可以省略。

＊ 蔬菜高湯可以等量水替換。

＊ 小火慢煮，才能保持清澈的湯色，可用棉布過濾將高湯確實濾除髒汙。

Soup 鮮甜高湯

豚骨高湯

重量 3500g｜室溫 NO｜冷藏 3～5 天｜冷凍 6 個月

豚骨高湯又稱豚骨白湯，白湯用於形容湯有乳白色澤外觀，
運用沸騰高湯與動物性油脂快速混合，形成有如乳化作用。
除了常見的豚骨高湯湯底型態，更可用來調製書中的白醬、
奶油焗白菜、芝士大蝦意麵等菜餚。

材料

A

豬大骨	500g
豬五花肉	500g
豬皮	250g
雞腳	250g

B

家鄉肉（或金華火腿）	250g
青蔥段	50g
薑	150g
紹興酒	100g
米酒	100g
水	3500g

作法

1 材料A放入冷水鍋，以大火汆燙至滾沸，撈除浮沫後，將材料A撈起並洗淨。

2 家鄉肉先修除乾化熟成的外表，再和青蔥段、50g薑片放入電鍋內鍋，外鍋倒入1量米杯水，蒸約30分鐘。

3 剩餘100g薑稍微拍扁，放入另一個深鍋，並倒入水，以中火煮滾。

4 接著放入材料A和家鄉肉，蓋上鍋蓋，轉大火煮滾，並撈除浮沫。

5 再放入青蔥段，並淋上紹興酒、米酒，持續保持沸騰大約3小時，使味道融入湯中並煮至湯色變白。

6 撈除浮沫，熄火後濾出高湯即可。

主廚叮嚀

＊ 可以使用壓力鍋增加沸騰效果，以及減半熬煮時間。

＊ 必須保持沸騰，才能讓湯色更乳白，如中途湯汁不夠，必須加水時，一定要以沸騰滾水。

＊ 金華火腿或家鄉肉有特殊醃製香氣，可增加香氣層次感，如不好採買可省略。

＊ 有些市售金華火腿、家鄉肉已經事先替顧客削除乾式熟成的外表，可購買修清後的清肉來簡化處理步驟。

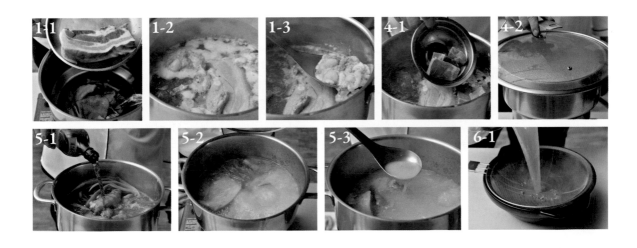

牛骨高湯

重量 4000g ｜室溫 NO ｜冷藏 3～5天 ｜冷凍 6個月

牛骨高湯屬於比較偏西式的名稱與作法，牛骨高湯是西餐醬料的基底。運用烤牛骨、牛絞肉熬煮，增加香味與牛肉湯底韻，若講究點會熬煮半天至一天，讓牛骨汁味道更加濃縮且渾厚。此高湯可運用到牛肉料理之高湯，以及本書的黑胡椒醬、紅醬、巴東咖哩牛肉醬。

材料

A
白洋蔥（去膜）————————— 300g
蒜頭（帶膜）————————— 150g
西洋芹（去根部與老葉）—— 250g
紅蘿蔔（去皮）————————— 150g
番茄（帶膜）————————— 150g

B
蔬菜高湯 ————————— 4500g→P.65
牛骨 ————————— 1000g
牛絞肉 ————————— 500g
米酒 ————————— 100g

作法

1 洋蔥切小片；蒜頭剖半；西洋芹切小段；紅蘿蔔、番茄切小塊，備用。

2 牛絞肉與紅蘿蔔丁混合，備用。

3 洋蔥、蒜頭與牛骨放入烤箱，以200℃烤50分鐘，烤至上色增香。

4 全部材料放入深鍋，從冷水開始大火煮滾，轉小火保持沸騰，熬煮3小時以上，使其味道融入湯中，熄火並過濾出高湯。

主廚叮嚀
＊ 若沒有牛肉禁忌飲食者，也可用牛骨高湯代替其他高湯於料理烹調中。

蝦高湯

重量 2500g ｜ 室溫 NO
冷藏 3～5天 ｜ 冷凍 6 個月

湯色的紅潤度取決於番茄糊的量，
番茄糊多放則顏色好看，
但會搶過蝦湯的風味。

蝦高湯屬於偏西式、泰式的高湯，運用剝蝦仁剩下的蝦殼蝦頭熬煮，達到無浪費高效益的醬料基底高湯，可簡單呈現蝦湯料理。運用於本書的泰式蝦醬、酸辣蝦湯、泰皇炒螃蟹、辣椒炒螃蟹、蝦醬空心菜、蒜香酸辣海鮮義大利麵、蝦醬拌麵。

材料

A
白洋蔥（去膜）	300g
西洋芹（去根部與老葉）	150g
紅蘿蔔（去皮）	150g
青蔥（去根部與老葉）	100g
蒜頭（帶膜）	150g

B
蝦頭蝦殼	1000g
橄欖油	200g
無鹽奶油	50g

C
番茄糊	130g
月桂葉	8g
黑胡椒粒	10g
白蘭地	100～150g
蔬菜高湯	3000g→P.65

作法

1 洋蔥、西洋芹、紅蘿蔔、青蔥切小丁；帶膜蒜頭微拍扁後切小丁，備用。

2 蝦殼放入烤箱，以200℃烤約30分鐘至香，備用。

3 起一乾鍋，倒入橄欖油與奶油，加熱熔化後放入蝦殼，以小火炒香。

4 再放入作法1材料，翻炒均勻，接著加入番茄糊、月桂葉、黑胡椒粒炒香，延著鍋邊倒入白蘭地激發香氣。

5 再加入蔬菜高湯，轉大火煮滾後轉小火，繼續熬煮1小時即可濾出高湯。

主廚叮嚀

＊ 蔬菜高湯可以等量水替換。

＊ 蝦殼用烤的方式取代炒製，也可先用油煎香蝦殼，煎過蝦殼的蝦油風味入菜，相當美味。

家常美味
& 宴客料理

荔味宮保雞丁

材料

食材
去骨雞腿肉	250g
小黃瓜	60g
蒜頭（去膜）	30g
青蔥（去根部與老葉）	50g
薑	50g
乾辣椒（去蒂頭）	3g
花椒粒	3g

醃料
鹽	1g
白胡椒粉	1g
米酒	15g
水	15g
玉米粉（或太白粉）	15g

調味料
蠔油風味醬	50g
老醋酸甜醬	50g
家禽高湯	50g
芝麻香油	15g

勾芡汁
太白粉　水10g（粉3g、水7g）	

作法

 蠔油風味醬 P.32　　老醋酸甜醬 P.36　　 家禽高湯 P.67

前置準備

1　雞肉去骨後切2～3公分方塊，再拌入醃料，醃製至少30分鐘。

2　小黃瓜切滾刀塊；蒜頭與薑切片；青蔥切2～3公分長段；乾辣椒剪小段，備用。

烹調組合

3　起一油鍋（油量需覆蓋肉），雞肉以150～160℃油溫炸3～4分鐘，撈起雞肉。油溫加熱至180℃，再放入雞肉與小黃瓜，炸30秒即撈起。

4　起一乾鍋，加入5g沙拉油，以小火將花椒粒炒出香氣，撈除花椒粒，再加入蠔油風味醬、老醋酸甜醬和高湯調味。

5　接著放入雞肉、小黃瓜塊炒勻，最後加入太白粉水勾芡至滾，起鍋前加入芝麻香油即可。

主廚叮嚀

＊ 宮保雞丁在川菜的形容為荔枝味的味型，帶有酸鹹甜的風味，就像荔枝酸甜，所以被稱為荔味雞丁。傳統為不添加番茄醬，加番茄醬是臺灣近代改良作法。

＊ 作法4的炒香花椒粒，可以用市售花椒油或麻辣醬代替。

口 水 雞

主廚叮嚀

＊辣度與口味鹹淡，可依個人口味調整比例。

＊寬粉條就是寬版的冬粉，屬於綠豆澱粉產品，取其Q彈口感當成盛
　盤時的墊底，亦可單吃寬粉條與口水雞醬攪拌均勻的結合搭配。

＊雞腿肉醃料可依個人喜好增減香料，最基礎就是鹽、米酒與白胡
　椒粉，使其有基本鹽量，得以藉由鹹度提鮮。

🍳 材料

食材		醃料		調味料	
去骨雞腿肉	230g	鹽	1g	**麻辣醬**	45g
寬粉條	70g	雞粉	1g	烏醋	75g
蒜頭（去膜）	50g	白胡椒粉	1g	醬油	75g
小黃瓜	70g	米酒	15g	細砂糖	45g
熟油花生	30g	水	15g	芝麻香油	15g
熟白芝麻	15g	花椒粒	2g（或花椒油5g）	辣油	15g
香菜（去梗與老葉）	3g	紅蔥油	5g		

🍴 作法

前置準備

1 去骨雞腿肉與醃料拌勻，醃製至少30分鐘；寬粉條泡水至軟，備用。

2 蒜頭切末；小黃瓜切絲；蒜末與全部調味料拌勻即為醬料，備用。

烹調組合

3 寬粉條瀝乾後放入鍋中，以大火煮至透明，再放入冰水冰鎮，撈起後和少許醬料拌勻，再放入盤中。

4 雞腿肉與醃料一起放進蒸鍋或電鍋，以大火蒸12～15分鐘蒸熟（或電鍋外鍋倒入1量米杯水）。

5 雞腿肉蒸熟後，撈除花椒粒，再把雞腿肉放入耐熱袋，以冰塊水冰鎮的方式快速降溫。

6 冰鎮的雞腿肉切厚片後排在寬粉條上，淋上剩餘醬料，最後放上小黃瓜絲、熟油花生、熟白芝麻和香菜即可。

醬料 & 高湯

麻辣醬 P.33

肉類　　　　　　　　　　　食用量 3～4人

泰式風味椒麻雞

醬料＆高湯

泰式酸辣醬
P.64

🍴 材料

食材
去骨雞腿肉 ———————— 240g
小黃瓜 ————————————— 70g
紫洋蔥（去膜）—————— 50g
青蔥（去根部與老葉）—— 30g
香菜（去梗與老葉）———— 3g

醃料
泰式魚露 ——————————— 2g
雞粉 ————————————— 2g
白胡椒粉 ——————————— 1g
米酒 ———————————— 15g
水 ————————————— 15g

酥炸粉漿
酥炸粉 ———————————— 200g
水 ——————————————— 100g
白醋 ————————————— 50g
沙拉油 ———————————— 50g

醬料
泰式酸辣醬 ——————— 100g

🍴 作法

前置準備

1 去骨雞腿肉與醃料拌勻，醃製至少30分鐘。

2 小黃瓜、洋蔥切絲後冰鎮；青蔥、香菜切末，備用。

3 酥炸粉漿攪拌均勻，調成似優酪乳狀。

烹調組合

4 醃雞腿肉裹上拌勻的粉漿，再放入170℃油鍋中，炸約7分鐘至九成熟度，撈起後放置一旁。

5 再將油溫加熱至180℃，放入九成熟的雞腿肉，運用熱油炸熟炸酥表面，撈起並瀝油。

6 小黃瓜、洋蔥絲放入盤中鋪底，炸好的雞腿肉切數塊，排在洋蔥與小黃瓜絲上，淋上泰式酸辣醬，並撒上青蔥、香菜即可。

主廚叮嚀

＊ 洋蔥絲、小黃瓜絲可以換成其他喜歡的生菜。

＊ 酥炸粉漿調成絲滑狀，能連成一條線，介於優酪乳與優格之間的濃稠度，油炸時較能完整包覆。

肉類　　　　　　　　　　　食用量 3～4人

碧綠冰鎮水晶雞

醬料 & 高湯

川味青醬
P.40

材料

食材
去骨雞腿肉 ───────── 250g
美生菜（去老葉與菜心）───── 50g
紅辣椒（去蒂頭與籽）───── 20g

醃料
鹽 ──────────────── 2g
白胡椒粉 ─────────── 1g
米酒 ─────────────── 15g
水 ──────────────── 15g
辣油 ─────────────── 3g
花椒油 ─────────── 5g
紅蔥油 ─────────── 5g

調味料
川味青醬 ───────── 60g
冰開水 ─────────── 15g

主廚叮嚀
＊ 美生菜可以換成個人喜好的生菜。
＊ 醬與冷開水的比例，可依個人口味調
　整比例。

作法

前置準備

1　去骨雞腿肉與醃料拌勻，醃製至少30分鐘；美生
　　菜切絲後冰鎮；辣椒切細絲，備用。

2　川味青醬與冰開水拌勻即為醬料。

烹調組合

3　雞腿肉與醃料一起放進蒸鍋或電鍋，以大火蒸12
　　～15分鐘蒸熟（或電鍋外鍋倒入1量米杯水）。

4　雞腿肉蒸熟後放入耐熱袋，以冰塊水冰鎮的方式
　　快速降溫。

5　雞腿肉切厚片後排在生菜絲上，淋上作法2醬料，
　　並撒上紅辣椒絲即可。

肉類　　　　　　　食用量 3～4人

川椒胡麻雞

🥢 材料

食材
去骨雞腿肉	230g
小黃瓜	40g
白洋蔥（去膜）	20g
紫洋蔥（去膜）	20g
蒜頭（去膜）	30g
香菜（去梗與老葉）	3g
熟油花生	20g
熟白芝麻	15g

醃料
鹽	2g
白胡椒粉	1g
米酒	15g
水	15g
花椒粒	10g
紅蔥油	15g

調味料
麻辣醬	5～10g
胡麻醬	100g
涼開水	50g
藤椒雞汁	1g
細砂糖	3g
烏醋	5g

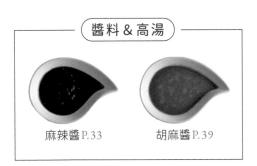

醬料 & 高湯

麻辣醬 P.33　　胡麻醬 P.39

🍴 作法

前置準備

1 去骨雞腿肉與醃料拌勻，醃製至少30分鐘。

2 小黃瓜、全部洋蔥切絲，再放入一盆冰塊水冰鎮，瀝乾後鋪於盤中。

3 蒜頭切末；蒜末和全部調味料拌勻即為醬料，備用。

烹調組合

4 雞腿肉與醃料一起放進蒸鍋或電鍋，以大火蒸12～15分鐘蒸熟（或電鍋外鍋倒入1量米杯水）。

5 雞腿肉蒸熟後，撈起花椒粒，再把雞腿肉放入耐熱袋，以冰塊水冰鎮的方式快速降溫。

6 雞腿肉切厚片後排在洋蔥絲上，淋上醬料，並撒上熟油花生、熟白芝麻和香菜即可。

主廚叮嚀

＊ 雞腿肉蒸熟的時間依雞腿的大小支、厚薄度來調整。

＊ 這道醬料以胡麻醬為主，麻香味為輔調製，辣度與口味鹹淡可依個人喜好調整比例。

＊ 自製胡麻醬可以市售胡麻醬50g替換，品牌不限，日本胡麻的顏色較淺色、氣味溫順。

＊ 藤椒雞汁入菜，取其藤椒香與雞高湯的鮮甜，如無法購得，可以添加藤椒油與雞高湯。

韓式炸雞

🍴 材料

食材
去骨雞腿肉 ———— 250g
青蔥 ———————— 50g
　（去根部與老葉）
白洋蔥（去膜）——— 50g
蒜頭（去膜）———— 50g
熟白芝麻 ————— 15g

醃料
鹽 —————————— 2g
白胡椒粉 ————— 1g
米酒 ——————— 15g
水 ———————— 15g
香蒜粉 —————— 5g
咖哩粉 —————— 5g
匈牙利紅椒粉 —— 5g

炸粉
酥炸粉 ————— 100g

調味料
蜜汁照燒醬 ——— 20g
韓式辣椒醬 ——— 50g
番茄醬 —————— 50g

主廚叮嚀
＊ 若想減少洋蔥和蒜頭的嗆
　 辣味，可於下鍋炒後再與
　 醬料拌勻。
＊ 這款醬料的配方偏濃稠，
　 如果喜歡較稀的醬料，
　 可以斟酌加入冰開水約
　 50g。

蜜汁照燒醬
P.48

🍴 作法

前置準備

1 去骨雞腿肉切約3公分方塊，與
　 醃料拌勻，醃製至少30分鐘。

2 青蔥切蔥花；洋蔥切細丁、蒜頭
　 切末，備用。

3 雞腿肉拌上酥炸粉，讓外層包裹
　 一層粉糊。

烹調組合

4 起一油鍋（油量需覆蓋肉），油
　 溫加熱至170℃，雞肉放入油鍋
　 炸約4分鐘，使其熟透並炸酥即
　 可撈起，放置一旁。

5 洋蔥丁、蒜末與調味料拌勻，再
　 和炸熟的雞肉拌勻後盛盤，撒
　 上蔥花與熟白芝麻即可。

肉類　　　　　　食用量 3～4人

照燒烤雞串

醬料 & 高湯

蜜汁照燒醬
P.48

材料

食材
去骨雞肉 ―――――――――――― 250g
青蔥（去根部與老葉）――――――― 40g
熟白芝麻 ―――――――――――― 10g

醃料
鹽 ―――――――――――――――― 2g
白胡椒粉 ―――――――――――――― 1g
米酒 ――――――――――――――― 15g
水 ――――――――――――――――― 15g
沙茶醬 ―――――――――――――― 5g

醬料
蜜汁照燒醬 ――――――――――― 150g

作法

前置準備

1 去骨雞肉切約3公分方塊，與醃料拌勻，
　　醃製至少30分鐘；青蔥切細絲，備用。

2 運用約10公分長竹籤或不銹鋼針將雞肉
　　串起。

烹調組合

3 每支雞肉串均勻沾裹蜜汁照燒醬，再放
　　入180℃烤箱中，烤12分鐘使肉熟透即可
　　出爐。

4 撒上熟白芝麻，放上青蔥絲點綴即可。

主廚叮嚀

＊ 可不加沙茶醬，即是清爽風味
　　的雞肉串。

肉類　　　食用量 3～4人

蜜汁叉燒

🧂 材料

食材
豬梅花肉	300g
熟白芝麻	10g

醃料
蠔油	5g
味噌	5g
麥芽糖	15g
米酒	15g
紹興酒	5g
五香粉（或十三香粉）	1g
紅麴米粉	15g
蜜汁照燒醬	100g

麥芽糖水
蜂蜜	15g
麥芽糖	70g
紅麴米粉	5g
涼開水	20g

醬料
蔥薑風味醬	50g

🍴 作法

前置準備

1　豬梅花肉切約2公分厚度的片狀，與醃料拌勻，放進冰箱醃製一晚。

烹調組合

2　烤箱預熱160℃，豬肉放進烤箱烤15分鐘至上色且熟，取出後表面沾裹均勻的麥芽糖水，將豬肉吊起來風乾。

3　豬肉切適當厚度的片狀，盛盤，再撒上熟白芝麻，搭配蔥薑風味醬食用即可。

主廚叮嚀

＊ 若沒有烤箱，則用平底鍋半煎半燒的方式熟成。

＊ 也可以沾裹一層麥芽糖水後，再用200℃烤上色至麥芽糖水收汁亮面，取出再分切。

＊ 市售有許多品牌的五香粉、十三香粉，可以加入少許於醃料增香。

＊ 部分市售叉燒會用食用紅色色素，用途為增加紅潤色澤，在家製作可以紅麴米粉增色的健康手法，紅麴米研磨成粉即可。

蜜汁照燒醬
P.48

蔥薑風味醬
P.59

肉類　　食用量 3～4人

紅糟雞

醬料＆高湯

 紅糟醬
P.42

 家禽高湯
P.67

材料

食材
帶骨雞腿肉 —————————— 400g
老薑 ————————————————— 50g
青蔥（去根部與老葉）————— 10g

調味料
黑麻油 ————————————————— 80g
紅糟醬 —————————————— 60g
家禽高湯 ————————————— 100g
紹興酒 ———————————————— 100g

作法

前置準備

1 雞腿肉切約5公分方塊；老薑切厚度約
0.2公分片狀；青蔥切細絲，備用。

烹調組合

2 起一乾鍋，倒入黑麻油，以小火乾煸老
薑片至微捲曲，再放入雞腿肉，煎至表
面上色。

3 接著加入紅糟醬、高湯和紹興酒，繼續
燉煮至熟透並收汁，盛盤後排上蔥絲點
綴即可。

主廚叮嚀
※ 帶骨雞肉適合熬煮、燉煮，能增加鮮甜度。
※ 黑麻油可以換成其他烹調油脂，有不同的風味。

肉類　食用量 3〜4人
西檸雞

🍴 材料

食材
去骨雞腿肉	250g
黃檸檬皮	2g
黃檸檬果肉	20g

醃料
鹽	2g
白胡椒粉	1g
君度酒（或米酒）	15g
雞蛋液	25g
水	30g
吉士粉	15g

炸粉
酥炸粉	100g

醬料
西檸汁	150g

勾芡汁
太白粉水	10g（粉3g、水7g）

🍴 作法

前置準備

1　在去骨雞腿肉的肉面切菱紋花刀，與醃料拌勻，醃製至少30分鐘。

2　檸檬皮切絲；檸檬果肉切小丁，備用。

烹調組合

3　雞腿肉外表均勻裹上酥炸粉，再放入170℃油鍋中，炸約7分鐘至九成熟度，撈起後放置一旁。

4　再將油溫加熱至180℃，放入九成熟的雞腿肉，運用熱油炸酥表面約1分鐘，撈起並瀝油，切數塊後盛盤。

5　西檸汁用太白粉水勾芡加熱至滾，再淋於雞腿肉，並放上黃檸檬皮絲、黃檸檬果肉即可。

主廚叮嚀

＊切菱紋花刀的刀痕至雞肉約一半厚度，可增加醃製入味及炸熟的速度。

＊檸檬皮僅需外皮達到增香，不用白膜部分，白膜會產生苦味。

＊君度酒可用白葡萄酒或其他水果風味酒代替，增添肉的風味，如需簡單不另購買，就用家中常用的米酒即可。

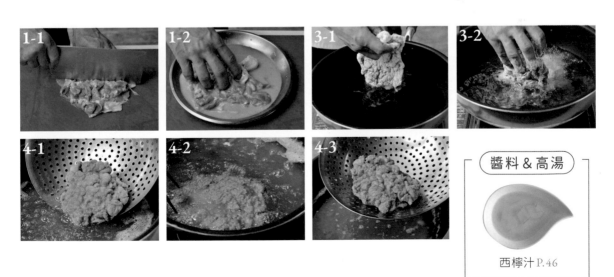

醬料＆高湯

西檸汁 P.46

白斬雞

添加薑黃粉可增加鮮黃色澤，
並融入薑黃的食療元素。

材料

食材
土雞 —— 1隻（1800g～2000g）
青蔥（去根部與老葉） —— 150g
薑 —— 150g

調味料A
鹽 —— 50g
米酒 —— 100g
薑黃粉 —— 45g

調味料B
鹽 —— 10g
米酒 —— 50g

醬料
蔥薑風味醬 —— 100g

醬料 & 高湯

蔥薑風味醬 P.59

🍴 作法

前置準備

1 土雞的腹部內洗淨，將多餘的油脂切削與拔除；青蔥切小段；薑切片，備用。

烹調組合

2 取一深鍋，倒入約4000g水（可淹過全雞），加入蔥、薑，以大火煮滾，抓著全雞頭部落入滾水後，汆燙5秒撈起，重複三起兩落。

3 再放入全雞，加入調味料A，蓋上鍋蓋，轉小火煮滾後，續煮20分鐘，時間到立即熄火並離火，蓋上鍋蓋，燜約30分鐘。

4 以筷子插入雞最厚的雞腿骨深處，檢視是否還有血水，未有血水滲出即為熟成。

5 撈起全雞後，表面均勻撒上調味料B，抹勻後套上塑膠袋，放置陰涼處冷卻。

6 待表面冷卻後再剁塊，搭配蔥薑風味醬食用即可。

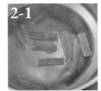

主廚叮嚀

＊ 家中如沒有較大的深鍋煮全雞，可以用仿土雞腿替換，烹調時間為煮滾後小火煮3分鐘，熄火加蓋燜15～20分鐘至熟成即可撈起。

＊ 雞的大小決定浸泡的時間長短，如採買更小更輕的全雞，則適量縮短浸泡時間。

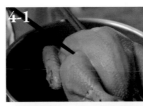
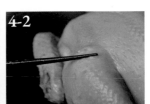

主廚叮嚀

＊ 白斬雞最佳口感為肉熟離骨，但骨頭內部保有些微血色。

＊ 雞要放至表面冷卻後再進行斬剁，表皮及分切面才會比較漂亮。

＊ 添加薑黃粉可增加鮮黃色澤，並融入薑黃的食療元素。

＊ 燙煮雞肉的水可以再運用，比如煮咖哩料理或薑黃雞湯。

＊ 如喜歡雞皮凍的口感，可以將煮好的全雞裝入塑膠袋，隔著塑膠袋放進冰水裡冰鎮後再分切。

＊ 沾醬可用蔥薑風味醬，也可以沾蒜泥沾醬（P.59）或客家桔醬等個人喜好的沾醬。

＊ 煮雞肉的鍋子以放得下全雞，並且窄口而深的湯鍋為宜，較容易淹泡過全雞，若家中的湯鍋，放入4000g的水卻無法淹過全雞，便自行加水至能淹過為基準，鹹度再補上與水對比1%的鹽即可。

黑胡椒豬柳

醬料 & 高湯

黑胡椒醬 P.30　　牛骨高湯 P.70

材料

食材

豬腰內肉	200g
洋蔥（去膜）	100g
紅甜椒（去蒂頭與籽）	20g
黃甜椒（去蒂頭與籽）	20g
青椒（去蒂頭與籽）	20g
蒜頭（去膜）	40g
青蔥（去根部與老葉）	50g

醃料

醬油	5g
紅葡萄酒	15g
水	15g
白胡椒粉	1g
太白粉	15g

調味料

無鹽奶油	30g
沙拉油	30g
黑胡椒醬	60g
牛骨高湯	60g

勾芡汁

太白粉水	15g（粉7g、水8g）

作法

前置準備

1. 豬肉逆紋路切約長5公分、寬1.5公分的條狀，與醃料拌勻，醃製至少30分鐘。

2. 洋蔥、全部甜椒、青蔥切和豬肉一致大小的條狀；蒜頭切片，備用。

烹調組合

3. 豬柳以160℃油溫炸約2分鐘至熟，撈起備用。

4. 鍋中加入無鹽奶油與沙拉油，以小火炒香洋蔥、蒜片、蔥段，再放入黑胡椒醬炒香，接著放入高湯，轉中火微煮。

5. 再將豬肉與甜椒放入鍋中，和醬料翻炒均勻與熟成，加入太白粉水勾芡至滾即可盛盤。

主廚叮嚀

* 若不吃牛肉，可將牛骨高湯換成其他高湯。

* 豬柳可以替換成牛柳，或個人喜好的肉品海鮮。

* 不喜歡勾芡者，可以省略最後勾芡步驟，運用收汁與肉的太白粉將醬料與豬柳包覆。

沙茶豬柳

材料

食材
豬梅花肉	200g
空心菜	100g
青蔥（去根部與老葉）	50g
紅辣椒	10g
（去蒂頭與去籽）	
蒜頭（去膜）	30g

醃料
醬油	15g
水	15g
細砂糖	2g
紅葡萄酒（或米酒）	15g
白胡椒粉	5g
蛋白液	10g
玉米粉（或太白粉）	15g

調味料
家禽高湯	60g
沙茶京醬	60g
芝麻香油	5g

勾芡汁
太白粉水	15g
（粉5g、水10g）	

作法

前置準備

1　豬梅花肉切約2公分厚度、5公分長的片狀，再切2公分寬的條狀，與醃料拌勻，醃製至少30分鐘。

2　空心菜切3～5公分長段；青蔥切小段；紅辣椒切菱形片；蒜頭切片，備用。

烹調組合

3　起一乾鍋，倒入30g沙拉油，以小火熱鍋，將豬柳煎熟後撈起。

4　再加入15g沙拉油，放入蔥段、辣椒片、蒜片炒香，接著放入空心菜與高湯，翻炒均勻。

5　加入沙茶京醬、豬柳翻炒均勻，接著加入太白粉水勾芡至滾，最後加入芝麻香油即可盛盤。

醬料 & 高湯

沙茶京醬 P.36　　家禽高湯 P.67

主廚叮嚀

＊ 豬肉切條狀稱為豬柳，其他肉類同理。

＊ 鹹度可依個人口味，調整高湯水量。

＊ 醃製料中如有紅酒，可以運用水果元素增加肉類軟化。

＊ 可將醃製好的豬柳以小包裝分裝的方式，沒用到的先放置冷凍保存，欲烹調使用前再退冰即可。

＊ 餐飲業者大部分運用油鍋低溫過油的方式將醃製豬柳熟成，家中若不方便，可用煎過的方式烹調。

🍴 材料

食材 A
豬肋排	1000g
白洋蔥（去膜）	100g
蒜頭（去膜）	30g
熟白芝麻	15g

食材 B
青花椰菜（去梗留尾端）	30g
玉米筍	20g

醃料
黑胡椒醬	100g
甜麵豆瓣醬	50g
果香高湯	100g
紅葡萄酒	100g
月桂葉	1g
義大利綜合香料	2g
辣椒粉	1g
白胡椒粉	1g

調味料
醬油膏	15g
味霖	15g
麥芽糖	15g
水	30g

🍴 作法

前置準備

1 洋蔥切丁；蒜頭切末；青花椰菜切小朵；調味料拌勻，備用。

2 洋蔥、蒜頭與醃料拌勻，再均勻塗抹豬肋排，醃製至少3小時。

烹調組合

3 豬肋排放入烤箱，以180℃烤約20分鐘至熟，再抹上拌勻的調味料，以180℃續烤5分鐘，取出後撒上熟白芝麻即可盛盤。

4 青花椰菜、玉米筍放入滾水，以大火汆燙3分鐘後撈起後盤飾，搭配豬肋排食用。

主廚叮嚀

＊ 豬肋排若太大片，可以請攤販幫忙剁一半。

＊ 醃料中有紅葡萄酒與果香高湯，其水果元素能提高肉類軟嫩效果。

＊ 如有蒸烤箱，可以用蒸烤模式烤熟；若沒有蒸烤功能，則直接烤熟；如家中沒有烤箱，則採蒸熟後再高溫炸表面的方式完成。

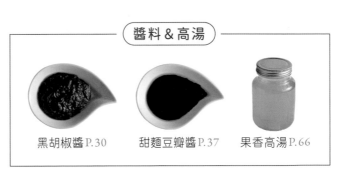

醬料 & 高湯

黑胡椒醬 P.30　　甜麵豆瓣醬 P.37　　果香高湯 P.66

肉類　　　　食用量 3～5人

橙花排骨

材料

食材
豬腩排（或豬軟排骨）	400g
熟白芝麻	15g

醃料
果香高湯	100g
紅葡萄酒	100g
白胡椒粉	2g
鹽	10g
君度橙酒	30g

炸粉
酥炸粉	100g

調味料
橙香汁	120g
沙拉油	15g

勾芡汁
太白粉水	10g（粉3g、水7g）

醬料 & 高湯

橙香汁 P.47　　果香高湯 P.66

作法

前置準備

1　豬腩排切約2公分厚度、5公分寬的塊狀，與醃料拌勻，醃製至少1小時。

2　醃製入味的豬排骨，裹上酥炸粉，使其表面有一層粉糊。

烹調組合

3　起一油鍋（油量需覆蓋肉），加熱至170℃油溫後熄火，放入豬排骨，使其油溫維持在150～170℃，均勻攪拌後泡至豬排骨熟成，撈起。

4　將油溫加熱至180℃，放入豬排骨，油炸1分鐘使外表炸酥即可撈起。

5　起一乾鍋，加入調味料，並加入太白粉水勾芡至滾，放入排骨立刻炒勻，撒上熟白芝麻即可盛盤。

主廚叮嚀

＊ 果香高湯可以等量100g水替換。

＊ 醃製步驟可以前一晚醃好後冷藏，可充分入味與肉質軟化。

＊ 醃料中有紅葡萄酒與果香高湯，其水果元素能提高肉類軟嫩效果。

＊ 餐飲業者幾乎會用低溫過油的方式將醃製豬排骨熟成，家中烹調也可用煎的方式取代。

肉類　　　食用量 3～4人

薑汁燒肉

先將肉熟成方式
可以水煮或是
150℃以下油泡1分鐘,
使其8成熟並表面收縮。

🍴 材料

食材
豬梅花肉	300g
白洋蔥（去膜）	50g
薑泥	30g
熟黑芝麻	8g
熟白芝麻	8g

醃料
醬油	30g
米酒	15g
家禽高湯	30g
太白粉	30g

醬料
日式風味鰹魚醬	100g

🍴 作法

 日式風味
鰹魚醬
P.46

 家禽高湯
P.67

前置準備

1　豬梅花肉切0.2～0.5公分厚度的片狀,與醃料拌勻,醃製至少30分鐘。

2　洋蔥切寬0.5公分粗絲備用。

烹調組合

3　豬梅花肉片放入滾水,熄火後泡1分鐘即撈起。

4　起一乾鍋,倒入30g沙拉油,以小火炒香洋蔥絲與薑泥,再加入日式風味鰹魚醬煮滾,放入肉片炒勻,撒上黑白熟芝麻即可。

主廚叮嚀

＊ 部分餐飲業者會添加少許老抽,增加色澤。

＊ 豬梅花肉片可換成個人喜歡的肉類及部位,例如:豬五花肉片。

＊ 也可加入10g太白粉水勾芡(粉3g、水7g),使醬料完整包覆肉片。

回鍋肉

主廚叮嚀

＊ 家禽高湯可以等量100g水替換。

＊ 回鍋肉是一道將拜拜三牲的豬肉汆燙後
　 烹調，兩次運用的經典菜色，有些人會
　 添加高麗菜、豆乾片一起烹調。

材料

食材

豬五花肉	300g
青蔥（去根部與老葉）	80g
蒜頭（去膜）	50g
紅辣椒（去蒂頭與籽）	30g
青椒（去蒂頭與籽）	100g
青蒜苗（去根部與老葉）	80g

調味料A

芝麻香油	5g

調味料B

甜麵豆瓣醬	15g
家禽高湯	90g
辣椒醬	15g
白胡椒粉	1g
紹興酒	15g

作法

 甜麵豆瓣醬 P.37　　 家禽高湯 P.67

前置準備

1　豬五花肉切3公分寬的片狀。

2　青蔥切小段；蒜頭切片；紅辣椒、青椒切菱
　 形片；青蒜苗切斜段，備用。

烹調組合

3　將豬五花肉片放入滾水中，以大火汆燙5～10
　 秒鐘，定型並燙除血水髒汙，撈起肉片。

4　起一乾鍋，放入芝麻香油、豬五花肉片，以小
　 火煸至表面金黃。

5　再加入蔥段、蒜片、辣椒片炒香，加入調味料
　 B、青蒜苗與青椒炒勻，稍微收汁即可。

京醬肉絲

醬料 & 高湯

甜麵豆瓣醬 P.37　　家禽高湯 P.67

材料

食材

豬里肌肉	200g
青蔥（去根部與老葉）	50g
青蒜苗（去根部與老葉）	50g
紅辣椒（去蒂頭與籽）	10g
香菜（去梗與老葉）	3g

醃料

醬油	10g
米酒	5g
家禽高湯	15g
雞蛋液	15g
太白粉	5g

調味料

二砂糖	10g
甜麵豆瓣醬	20g
家禽高湯	75g
白胡椒粉	2g
紹興酒	15g
芝麻香油	15g
紅蔥油	10g

勾芡汁

太白粉水	12g（粉 4g、水 8g）

作法

前置準備

1　豬里肌肉切0.2～0.5公分厚度的片狀，再切0.2～0.5公分寬的條狀，與醃料拌勻，醃製至少30分鐘。

2　青蔥、青蒜苗、紅辣椒切細絲，以冰開水泡約30分鐘冰鎮後瀝乾，再將蔥絲擺入盤中鋪底。

烹調組合

3　起一油鍋（油量需覆蓋肉），加熱至120～150℃，放入肉絲撥散滑開，看到肉絲反白熟成即撈起。

4　起一乾鍋，放入二砂糖，以小火炒香，再加入其他調味料煮滾，與肉絲炒勻勾芡後即可盛於作法2蔥絲上，再點綴香菜、辣椒絲、蒜苗絲即可。

主廚叮嚀

＊ 家禽高湯可以等量水替換。

＊ 京醬肉絲可以搭配荷葉餅、墨西哥餅皮或夾入饅頭食用。

＊ 將肉熟成方式可以水煮或是150℃以下油泡，使其表面收縮。

肉類　食用量 3～4人

咕咾肉

🍴 材料

食材

豬梅花肉	300g
白洋蔥（去膜）	80g
青椒（去蒂頭）	50g
青蔥（去根部與老葉）	50g
鳳梨片	80g

醃料

鹽	10g
白胡椒粉	2g
米酒	5g
果香高湯	115g
雞蛋液	15g

裹粉

低筋麵粉	15g
太白粉	5g

醬料

糖醋醬	150g

勾芡汁

太白粉水 ── 12g（粉4g、水8g拌勻）

🍴 作法

前置準備

1 豬梅花肉切2～3公分厚度的條狀，再切2～3公分寬的方塊，與醃料拌勻，醃製至少30分鐘。

2 洋蔥、青椒切菱形片；青蔥切小段，備用。

烹調組合

3 豬梅花肉於烹調前再拌入裹粉，使肉的外層包裹一層粉糊。

4 起一油鍋（油量需覆蓋肉），油加熱至170℃熄火，放入豬肉泡3分鐘後撈起。

5 油溫加熱至180℃，放入豬肉丁炸1～2分鐘至酥，並逼油即可撈起。

6 起一乾鍋，倒入5g沙拉油，以小火炒香青蔥、洋蔥，放入青椒與鳳梨片，並加入糖醋醬煮滾。

7 接著加入太白粉水勾芡至滾，與豬肉丁炒勻即可盛盤。

主廚叮嚀

＊ 豬肉可換成喜歡的部位，例如：大里肌、小里肌。

＊ 餐飲業者會將青椒以150℃油鍋炸10秒後快速撈起，以保青翠色澤。

＊ 蔬菜配料以果香為主，可換成其他蔬果，例如：番茄、紅黃甜椒。

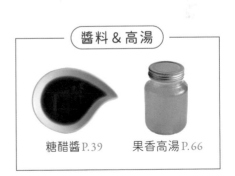

醬料 & 高湯

糖醋醬 P.39　　果香高湯 P.66

碧綠炒松阪肉

🍳 材料

食材
豬松阪肉（後頸肉）	1300g
洋蔥（去根部與老葉）	180g
紅甜椒（去蒂頭與籽）	150g
黃甜椒（去蒂頭與籽）	150g
蒜頭（去膜）	130g
青蔥（去根部與老葉）	150g

醃料
鹽	5g
白胡椒粉	2g
米酒	15g
雞蛋液	15g

裹粉
太白粉	15g

調味料
川味青醬	150g
家禽高湯	100g

勾芡汁
太白粉水	10g（粉5g、水5g）

主廚叮嚀

＊ 家禽高湯可以等量100g水替換。

＊ 豬肉可換成喜歡的部位，例如：里肌、梅花肉。

＊ 醬料與高湯量，可依個人口味鹹淡適量增減。

🍴 作法

前置準備

1 豬松阪肉切2～3公分厚度的條狀，與醃料拌勻，醃製至少30分鐘。

2 洋蔥、紅黃甜椒各切1～2公分寬的條狀；蒜頭切末；青蔥切小段，備用。

烹調組合

3 豬松阪肉於烹調前再拌入太白粉，使肉的外層包裹一層粉糊。

4 起一油鍋（油量需覆蓋肉），油溫加熱至170℃熄火，放入肉條泡3分鐘後撈起。

5 油溫加熱至180℃，放入紅黃甜椒與豬肉炸約30秒，讓彩椒色澤鮮豔、豬肉外表定型後即撈起。

6 起一乾鍋，倒入10g沙拉油，以小火炒香青蔥、洋蔥與蒜末，再放入川味青醬、高湯與豬肉炒勻。

7 接著加入紅黃甜椒，並加入太白粉水勾芡至滾即可盛盤。

醬料 & 高湯

川味青醬 P.40　　家禽高湯 P.67

蔥薑五花肉串

醬料 & 高湯

蔥薑風味醬 P.59

🍴 材料

食材

豬五花肉	300g
紅辣椒（去蒂頭與籽）	10g

醃料

米酒	5g
鹽	5g
蒜頭粉	3g
五香粉	3g
孜然粉	1g
白胡椒粉	2g

醬料

蔥薑風味醬	60g

🍴 作法

前置準備

1 豬五花肉切3公分厚的條狀，再切3公分方塊，與醃料拌勻，醃製至少2小時。

2 紅辣椒切細絲備用。

烹調組合

3 用10公分長竹籤或不銹鋼針串起豬肉塊，再放入烤箱，以180℃烤15～20分鐘至熟且表皮上色焦脆。

4 取出後盛盤，以辣椒絲點綴，蔥薑風味醬淋於肉串上即可。

主廚叮嚀

＊ 運用烤箱烤熟外，也可用平底鍋煎熟。

＊ 豬五花肉可依個人喜好換成其他肉類，例如：雞肉、牛肉。

＊ 紅辣椒絲為整體菜餚增色，可以搭配肉串一起食用。

紅酒燉牛肉

材料

食材

牛腩條	300g
白洋蔥（去膜）	50g
紅蘿蔔（去皮）	50g
西洋芹（去根部與老葉）	50g
蒜頭（去膜）	50g

香料

迷迭香	1g
百里香	1g
月桂葉	1g

調味料

紅醬	250g
牛骨高湯	300g
紅酒	100g

麵粉糊

低筋麵粉（乾鍋炒香）	5g
水	5g

作法

 紅醬 P.56　 牛骨高湯 P.70

前置準備

1　牛腩條切4～5公分塊狀；洋蔥、紅蘿蔔、西洋芹切3公分方塊；蒜頭切末，備用。

烹調組合

2　牛肉放入滾水，以大火汆燙30秒，撈起並洗淨。

3　起一乾鍋，放入50g牛油（或沙拉油），以小火煎牛腩至表面收縮並上色，再放入其他蔬菜料、香料，繼續炒出香味。

4　接著倒入全部調味料，以小火燉煮40～60分鐘至喜歡的軟嫩度，最後加入拌勻的麵粉糊勾芡至滾即可。

主廚叮嚀

＊ 牛腩可以換成喜歡的主食材。

＊ 牛腩帶有油脂，適合先煎過再燉煮的料理。

＊ 可用壓力鍋燉煮，縮短烹煮時間。

蠔油牛菲力

主廚叮嚀

＊牛肉可以替換成各種
肉品及部位，忌食牛肉
者，可以將牛骨高湯換
成非牛肉的高湯。

＊牛菲力較少油脂，不
建議過熟，以免肉質
乾澀，故市面上皆建
議牛菲力吃5分熟的口
感為佳。

🥢 材料

食材
牛菲力（去筋膜）	300g
蒜頭（去膜）	30g
薑	30g
芥藍菜（去粗纖維和老葉）	100g

醃料
醬油	10g
太白粉	30g

調味料 A
鹽	3g
沙拉油	15g
水	200g

調味料 B
蠔油風味醬	70g
牛骨高湯	100g
芝麻香油	15g

勾芡汁
太白粉水	10g（粉3g、水7g）

🍴 作法

前置準備

1　牛菲力切4公分長度、1公分寬的條狀，牛肉與醃料拌勻，醃製至少30分鐘。

2　蒜頭、薑切末；芥藍菜切4～5公分長度，備用。

烹調組合

3　調味料A煮滾，放入芥藍菜，以大火汆燙30秒後撈起，排於盤底。

4　起一油鍋（油量需覆蓋肉），油溫加熱至180℃，將牛肉過油30秒即撈起。

5　起一乾鍋，加入10g沙拉油，以小火炒香蒜末與薑末，加入蠔油風味醬、高湯與過油的牛肉，轉中火翻炒，並加入太白粉水勾芡至滾。

6　起鍋前加入芝麻香油，再排於芥藍菜上即可。

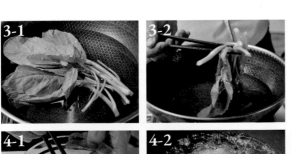

醬料＆高湯

蠔油風味醬 P.32　　牛骨高湯 P.70

主廚叮嚀

＊ 可以運用加熱至150℃的厚鐵鍋，以大火將牛菲力表面煎至上色並激發牛肉香氣，再撈起使其溫度漸進入內部，以此方式替換作法4的油鍋加熱方式。

肉類　　食用量 3～4人

金酸湯肥牛

主廚叮嚀

* 牛肉片以0.2～0.3公分厚度為佳，其熟成速度相當快，不建議煮過熟。

* 牛肉片先以滾水汆燙30秒，能使湯色更加清澈，牛肉可以換成喜歡的部位與肉種類。

* 用牛骨高湯香味較佳，但顏色較深；若選豚骨高湯，其乳白湯能使成品湯色更好看。

材料

食材

無骨牛小排肉片（或火鍋牛肉片）	200g
白洋蔥（去膜）	100g
青蔥（去根部與老葉）	30g
蒜頭（去膜）	30g
青蒜苗（去根部與老葉）	10g
黃豆芽	100g

醃料

醬油	15g
米酒	15g
太白粉	5g

調味料

黃椒醬	150g
牛骨高湯	100g
藤椒油（或芝麻香油）	30g

作法

 黃椒醬 P.38　 牛骨高湯 P.70

前置準備

1 肉片與醃料拌勻，醃製至少30分鐘。

2 洋蔥切0.5公分寬度條狀；青蔥切3公分段；蒜頭切片；青蒜苗環切寬0.3公分蒜苗花，備用。

烹調組合

3 起一乾鍋，加入30g牛油（或沙拉油），以小火炒香洋蔥、青蔥與蒜片，再加入黃椒醬、高湯和黃豆芽煮滾後，將蔬菜料盛入深盤。

4 牛肉片放入作法3鍋中，轉中火續煮20秒即撈起，並與黃椒醬汁一起淋於蔬菜料，撒上蒜苗花，淋上加熱180°C的藤椒油即可盛盤。

巴東燒牛肉

醬料＆高湯

巴東咖哩牛肉醬 P.50　　牛骨高湯 P.70

材料

食材 A
牛腩條	500g
薄荷葉（去梗與老葉）	3g

食材 B
白洋蔥（去膜）	100g
蒜頭（去膜）	50g
青蒜苗（去根部與老葉）	50g
西洋芹（去根部與老葉）	30g

調味料
巴東咖哩牛肉醬	250g
牛骨高湯	500g
椰漿	200g

麵粉糊
低筋麵粉	5g（乾鍋炒過）
水	10g

作法

前置準備

1　牛腩條切4～5公分塊狀；洋蔥切3公分塊狀；蒜頭切末；青蒜苗、西洋芹切小段，備用。

烹調組合

2　牛腩放入滾水，以大火汆燙30秒，撈起並洗淨。

3　起一乾鍋，加入50g牛油（或豬油或沙拉油），以小火將牛腩煎至表面收縮並上色，再放入食材B，繼續炒出香味。

4　接著放入巴東咖哩牛肉醬與高湯，轉小火燉煮40～60分鐘收汁至喜歡的軟嫩度，再加入拌勻的麵粉糊勾芡至滾，盛盤，以薄荷葉點綴增香。

主廚叮嚀

＊ 巴東屬於收汁料理，即較少湯汁的咖哩。

＊ 牛腩帶油脂，適合煎過再燉煮的料理，牛腩可以換成其他喜歡的主食材。

奶油極汁羊排

材料

食材
羊小排 —————————— 250g
洋蔥（去膜）—————— 100g
蒜頭（去膜）————————— 20g
青蔥（去根部與老葉）——— 5g
熟黑芝麻 ———————————— 5g
熟白芝麻 ———————————— 5g

醃料
醬油 —————————————— 10g
米酒 ———————————————— 5g
蔥薑水 ——————————— 100g
孜然粉 ———————————————— 1g
三奈粉 ———————————————— 1g
香蒜粉 ———————————————— 1g
雞蛋液 ——————————————— 15g
太白粉 ——————————————— 10g

調味料
老醋酸甜醬 ————— 100g
鮮味露 ——————————— 20g
芝麻香油 ———————————— 5g

勾芡汁
太白粉水 ——————————— 15g
（粉 7g、水 8g）

作法

前置準備

1 羊小排分切後與醃料拌勻，醃製至少1小時。

2 洋蔥切寬1公分條狀；蒜頭切末；青蔥切細絲，備用。

烹調組合

3 起一乾鍋，放入30g無鹽奶油，以小火加熱熔化，將羊排煎至兩面上色後夾起備用。

4 鍋中再放入洋蔥與蒜頭，利用餘油以小火炒出香味。

5 再加入全部調味料、羊排煮30秒鐘，加入太白粉水勾芡至滾，拌炒收汁後盛盤，撒上熟黑白芝麻即可。

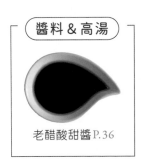

醬料＆高湯

老醋酸甜醬 P.36

主廚叮嚀

＊ 不喜歡吃羊肉者，可以換成其他肉類。

＊ 蔥薑水100g：青蔥30g、薑末30g、果香高湯（P.66）100g，用調理機攪打成汁即可。

＊ 孜然粉、三奈粉、香蒜粉等香料，可以依個人喜愛風味增減。

麻辣鴨血

材料

食材A
鴨血	300g
青蒜苗（去根部與老葉）	80g

食材B
青蔥（去根部與老葉）	80g
蒜頭（去膜）	50g
紅辣椒（去蒂頭與籽）	50g
蝦米（開陽）	10g
乾香菇絲	10g

調味料
麻辣醬	45g
家禽高湯	500g
白胡椒粉	1g
醬油	30g
鹽	5g
雞粉	5g
芝麻香油	5g

醬料＆高湯

麻辣醬 P.33　　家禽高湯 P.67

作法

前置準備

1 青蔥、青蒜苗切2公分斜段；蒜頭切片；紅辣椒切斜片；乾香菇絲泡水至軟，備用。

烹調組合

2 鴨血放入滾水，以大火汆燙2分鐘即撈起，切厚度2公分、寬4公分的塊狀。

3 起一乾鍋，放入30g豬油（或沙拉油），以小火炒香全部食材B，再加入全部調味料拌勻。

4 接著放入鴨血，煮滾後熄火，燜30分鐘，再轉中火煮滾，最後放入青蒜苗即可起鍋。

主廚叮嚀

* 調味料也可以用麻辣醬（P.33）與蠔油風味醬（P.32）或黑魯爆炒醬（P.32），調和鹹度。

* 湯汁可如同麻辣燙或麻辣鍋底的方式，增加個人喜歡的菇類、火鍋料、蔬菜或豆腐類等配料。

* 鴨血不適合大火燒煮，會造成組織脹大而破壞細緻口感，建議鴨血與醬料煮滾即熄火，用熱脹冷縮原理泡入味的方式，至少放冷後再做第二階段的復熱。

三杯中卷

三杯風味爲黑麻油、醬油、米酒，黑魯爆炒醬已有醬油與米酒，可以運用黑魯爆炒醬完成調味。

🍴 材料

食材 A
中卷 300g
九層塔（去梗與老葉）........ 30g

食材 B
老薑 50g
青蔥（去根部與老葉）........ 30g
紅辣椒（去蒂頭與籽）........ 30g
蒜頭（去膜）..................... 50g

調味料 A
黑麻油 100g

調味料 B
黑魯爆炒醬 60g
辣椒醬 10g
白胡椒粉 1g
米酒 30g
紹興酒 5g

勾芡汁
太白粉水 ─ 15g（粉7g、水8g）

🍴 作法

前置準備

1 中卷去除內臟和皮膜，再切厚度2公分圈狀。

2 老薑切厚度0.2公分片狀；青蔥切4公分長段；紅辣椒切菱形片，備用。

烹調組合

3 中卷放入滾水，以大火汆燙30秒即撈起；蒜頭整顆放入170°C油鍋，炸至金黃色即撈起，備用。

4 鍋中倒入80g黑麻油，以小火煸香老薑至捲曲且乾燥，撈起備用。

5 鍋中加入剩餘20g黑麻油，放入食材B，以小火炒香，再加入調味料B與中卷炒勻，接著加入九層塔、太白粉水勾芡並收汁即可。

主廚叮嚀

＊ 三杯一般爲收汁料理，但中卷不適合長時間烹煮，故有些會將醬汁煮至濃稠後再放入拌勻，這次教大家用勾芡的方式更爲快速。

黑魯爆炒醬
P.32

西芹炒中卷

🍶 材料

食材A
中卷 ———————————— 200g

食材B
蒜頭（去膜）———————— 50g
薑 ————————————— 30g（去膜）
紅辣椒（去蒂頭與籽）———— 30g
西洋芹（去根部與老葉）——— 100g
青蔥（去根部與老葉）——— 30g

調味料
二湯調味水 ——————— 80g
家禽高湯 ———————— 80g
白胡椒粉 ————————— 1g
紹興酒 ——————————— 15g
烏醋 ——————————— 5g
芝麻香油 ————————— 15g
太白粉 —————————— 3g

🍴 作法

 二湯調味水 P.43　　 家禽高湯 P.67

前置準備

1 　中卷去除內臟並去皮膜，再於內側切花刀紋後切塊狀。

2 　蒜頭切片；薑、紅辣椒、西洋芹切菱形片；青蔥切4公分長段；全部調味料攪拌均勻，備用。

烹調組合

3 　中卷放入滾水，以大火汆燙30秒即撈起。

4 　起一乾鍋，加入30g豬油（或沙拉油），以小火炒香食材B，再加入中卷及調味料炒勻即可。

主廚叮嚀

＊ 運用二湯調味水減少烹煮時間，鹹淡可依個人口味調整調味醬與高湯的比例。

＊ 中卷這類海鮮不適合長時間烹煮，易導致水分流失、失去口感，故醬料煮至想要的鹹度及濃稠度後，才放入主食材炒勻。

五味透抽

🍴 材料

食材
中卷	300g
薑	50g
青蔥（去根部與老葉）	50g
小黃瓜	70g

調味料
鹽	30g
米酒	50g
水	600g

醬料
五味醬	80g

五味醬
P.42

🍴 作法

前置準備

1　中卷去除內臟和皮膜；薑切片；青蔥切4公分長段，備用。

2　小黃瓜切細絲，再放入冰開水冰鎮。

烹調組合

3　調味料煮滾，放入薑、青蔥和中卷，轉中火煮滾即熄火，泡約3～5分鐘至熟，撈起後放入冰塊水冰鎮，再切厚度1.5公分圈狀。

4　小黃瓜瀝乾後排入盤中鋪底，中卷放在小黃瓜絲上，淋上五味醬即可。

主廚叮嚀

＊ 中卷可以換成其他喜歡的海鮮，例如：鮑魚、魷魚等。

＊ 熄火後泡於水溫80～90℃使其熟成，能減少鮮甜度與水分流失。

＊ 透抽撈起後，切開最厚部分檢查是否熟透，再放入冰塊水冰鎮。

蚵仔煎

材料

食材

鮮蚵肉（去殼）	150g
小白菜（去根部與老葉）	60g
青蔥（去根部與老葉）	30g
雞蛋液	2個（100g）

粉漿

地瓜粉	90g
在來米粉	15g
水	150g
白胡椒粉	1g
鹽	1g

醬料

海山辣椒醬	45g

海山辣椒醬
P.60

作法

前置準備

1　鮮蚵肉洗淨並去除多餘雜質；青蔥切蔥花；小白菜切4公分長段；粉漿材料與蔥花拌勻，備用。

烹調組合

2　平底煎鍋中加入30g沙拉油，放入鮮蚵肉，以小火微煎表面上色，將粉漿倒入鍋中，繼續煎至粉漿凝固，先移到平盤。

3　鍋中再加入15g沙拉油，放入小白菜、青蔥與雞蛋液，將作法2鮮蚵粉漿皮移到蛋液上方，另一面煎熟且上色即可盛盤，搭配海山辣椒醬食用。

主廚叮嚀

* 臺灣蚵仔煎的醬料是靈魂，海山辣椒醬是絕佳搭配。

* 粉漿比例可依個人喜歡的軟硬調整，若喜歡帶著表面酥脆，可以加入1大匙低筋麵粉或太白粉。

蔭豉鮮蚵

醬料 & 高湯

蠔油風味醬 P.32　　家禽高湯 P.67

材料

食材 A
鮮蚵肉（去殼）———————— 200g
板豆腐 —————————————— 80g
青蒜（去根部與老葉）———— 80g

食材 B
蒜頭（去膜）———————————— 50g
薑 ————————————————— 30g
紅辣椒（去蒂頭）——————— 30g
乾豆豉 —————————————— 15g

調味料 A
蠔油風味醬 —————————— 150g
家禽高湯 ——————————— 150g
白胡椒粉 ————————————— 1g
烏醋 ——————————————— 5g

調味料 B
芝麻香油 ————————————— 15g

勾芡汁
太白粉水 — 15g（粉5g、水10g拌勻）

作法

前置準備

1. 鮮蚵肉洗淨並去除多餘雜質；板豆腐切1～2公分方塊，備用。

2. 青蒜切寬1公分珠狀；蒜頭、薑切末；紅辣椒切寬1公分圈狀，備用。

烹調組合

3. 板豆腐放入1%鹹度滾水，以大火汆燙30秒即撈起；鮮蚵肉放入另一鍋滾水，以大火汆燙15秒即撈起，備用。

4. 鍋中倒入30g豬油（或沙拉油），以小火炒香食材B，再加入調味料A、板豆腐，加熱3分鐘。

5. 接著放入鮮蚵肉煮滾，加入青蒜苗，並以太白粉水勾芡至滾，倒入芝麻香油即可。

主廚叮嚀

* 滾水1%鹹度概念，即是100g水對上1g鹽。

* 運用蠔油風味醬減少烹煮時間，鹹淡依個人口味調整醬與高湯之比例。

勾芡時鍋鏟攪動需輕巧，保
持菜餚成品的板豆腐方正。

海鮮　　食用量 3～4人

白灼螺片

🍴 材料

食材

海螺肉	220g（海螺或響螺約10個）
青蔥（去根部與老葉）	100g
薑	80g
紅辣椒（去蒂頭與籽）	30g

調味料A

鹽	30g
米酒	50g
水	600g

調味料B

魚露風味醬	100g
芝麻香油	50g

🍽 作法

前置準備

1. 青蔥50g切絲、青蔥50g切長段；薑30g切絲、薑50g切片；紅辣椒切細絲，備用。

2. 螺肉切厚度0.2〜0.5公分片狀。

烹調組合

3. 調味料A、青蔥段50g、薑片50g放入鍋中，以大火煮滾，再放入螺肉，煮2〜3分鐘即撈起，盛盤。

4. 魚露風味醬加熱後淋於作法3上方，撒上青蔥絲、薑絲、辣椒絲。

5. 芝麻香油加熱至120〜150℃，再淋於作法4上即可。

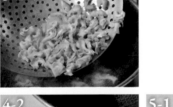

醬料&高湯

魚露風味醬 P.41

主廚叮嚀

* 響螺肉比較大，口感更好，也比較容易取肉。同樣作法可以換成不同主食材，
  例如：小章魚、中透抽等。

* 若買到整顆海螺（或響螺），處理方式如下：

  1. 水和薑片、蔥段、米酒煮滾，放入海螺（或響螺），以大火煮滾。

  2. 轉中小火煮約5分鐘至肉能取出，撈起立即泡入冰水冰鎮5分鐘。

  3. 再用小叉子或牙籤剔出螺肉，去除中段的黃、綠色腸肚，保留白色螺肉。

  4. 將螺肉切0.5〜1公分片狀，回鍋再中火煮2〜3分鐘，撈起即可盛盤。

紅糟炒螺片

醬料 & 高湯

紅糟醬 P.42　　家禽高湯 P.67

材料

食材 A
海螺肉 ── 300g（海螺或響螺約13個）
香菜（去梗與老葉）────────── 20g

食材 B
青蔥（去根部與老葉）──────── 50g
薑 ────────────────── 80g
蒜頭（去膜）───────────── 50g
紅辣椒（去蒂頭與籽）──────── 30g

調味料 A
鹽 ────────────────── 2大匙
米酒 ───────────────── 50g
水 ────────────────── 600g

調味料 B
紅糟醬 ───────────────── 50g
家禽高湯 ──────────────── 50g
紹興酒 ──────────────── 15g
芝麻香油 ────────────── 15g

勾芡汁
太白粉水 ── 10g（粉3g、水7g拌勻）

作法

前置準備

1　青蔥切3公分斜段；蒜頭、薑切片；紅辣椒切菱形片，備用。

2　螺肉切厚度0.2～0.5公分片狀。

烹調組合

3　調味料A以大火煮滾，放入螺肉，氽燙15秒即撈起。

4　起一乾鍋，倒入45g豬油（或沙拉油），以大火炒香食材B，再加入紅糟醬，炒出香味。

5　接著倒入高湯、紹興酒和螺肉，用太白粉水勾芡至滾，淋上芝麻香油，快速炒勻即可盛盤。

主廚叮嚀

＊ 若買到整顆海螺（或響螺），處理方式可參考 P.123。
＊ 響螺肉比較大，口感更好，也容易取肉，同樣作法
　可以換成不同主食材，例如：小九孔、鮮鮑魚。

塔香炒蛤蜊

材料

食材

大蛤蜊	300g
蒜頭（去膜）	50g
薑	50g
青蔥（去根部和老葉）	50g
紅辣椒（去籽和蒂頭）	30g
九層塔（去老葉和粗梗）	30g

調味料 A

黑魯爆炒醬	50g
家禽高湯	100g
烏醋	30g

調味料 B

太白粉水	15g（粉 5g、水 10g 拌勻）
香油	15g

作法

 黑魯爆炒醬 P.32　　 家禽高湯 P.67

前置準備

1 大蛤蜊吐沙並洗淨；蒜頭、薑切片；青蔥切小段；紅辣椒切菱形片，備用。

烹調組合

2 起一炒鍋，加入 45g 沙拉油，放入蔥段、薑片、蒜片與辣椒片，小火炒香。

3 接著放入蛤蜊與調味料 A，蓋上鍋蓋燜 2〜3 分鐘，將蛤蜊煮至開口。

4 試味道後，放入九層塔並倒入太白粉水勾芡至滾，起鍋前加入香油即可盛盤。

主廚叮嚀

＊ 蛤蜊本身已有鹹度，所以黑魯爆炒醬不需加太多。

＊ 蛤蜊可用放入 1.5 〜 2% 鹹度的鹽水，使其吐沙。

海鮮　　食用量 3〜4人

蒜蓉蒸蝦

蝦子尺寸與蒸鍋效率
會影響蒸的時間，
建議依家中設備調整蒸煮時間。

材料

食材
帶殼草蝦 —— 5尾（200〜250g）
青蔥（去根部和老葉）—— 50g
盒裝嫩豆腐 —— 150g

調味料A
鹽 —— 30g
米酒 —— 50g
水 —— 600g

調味料B
蒜蓉醬 —— 80g
芝麻香油 —— 30g

主廚叮嚀

＊ 一尾草蝦大約配1大匙蒜蓉醬，可依
　 個人鹹淡口味增減。

＊ 墊底的嫩豆腐主要爲增加豐富口感、
　 襯底堆疊高低視覺。可以依個人喜好
　 換成火鍋板豆腐或是粄條、粉條類。

作法

蒜蓉醬
P.37

前置準備

1 帶殼草蝦用剪刀剪開背部，深度約蝦身的一半，並
　 取出沙腸後洗淨。

2 青蔥切細蔥花；盒裝豆腐切1公分寬的厚片，備用。

烹調組合

3 調味料A煮滾，放入草蝦，以大火汆燙30秒後撈起
　 備用。

4 豆腐片平鋪在磁盤中，將草蝦排在豆腐上方，淋上
　 蒜蓉醬。

5 放進蒸鍋或電鍋中，用大火蒸8〜10分鐘至熟，取
　 出。若使用電鍋，則外鍋倒入約1/2杯量米杯水。

6 接著撒上蔥花，將芝麻香油加熱至160〜180℃後淋
　 於蔥花，激出香味卽可。

海鮮　　食用量 3～4人

鍋粑蝦仁

材料

食材

蝦仁	200g
紅甜椒（去蒂頭與籽）	30g
黃甜椒（去蒂頭與籽）	30g
青椒（去蒂頭與籽）	30g
白洋蔥（去膜）	50g
鍋巴片	150g

醃料

鹽	2g
蛋白	10g
太白粉	10g

醬料

糖醋醬	200g

勾芡汁

太白粉水 —— 15g（粉5g、水10g拌勻）

主廚叮嚀

＊ 鍋巴片在餐飲雜貨商可以買到，若不易取
　得，可以自行製作，方法如下：
　1　用熟白飯壓均勻扁平定型，排入烤盤。
　2　再放入烤箱，以180℃烤約15分鐘，
　　　依個人烤箱調整時間，使白飯乾燥即
　　　可取出。

＊ 這道料理的特色是蝦仁與醬汁結合，淋於
　酥脆的鍋巴，同時有兩種口感。若未能立
　即享用，可將蝦仁與醬汁先以醬汁壺盛裝，
　出餐或食用前再倒至鍋巴。

醬料＆高湯

糖醋醬 P.39

作法

前置準備

1 蝦仁與醃料拌勻，醃製至少30分鐘。

2 紅黃青甜椒、洋蔥分別切菱形片狀。

烹調組合

3 蝦仁放入約70℃油鍋（沙拉油），用溫熱
油泡方式泡約1分鐘後撈起，再將彩椒放入
油鍋快速油炸30秒即撈起。

4 油溫加熱至170℃，放入鍋粑片，油炸至膨
脹酥脆即撈起，瀝油後盛盤。

5 起一乾鍋，加入45g沙拉油，以小火炒香
洋蔥。

6 再放入糖醋醬、太白粉水、蝦仁與全部甜
椒片，炒勻至滾即熄火，淋於炸好的鍋粑
上即可。

海鮮　　　食用量 3〜5人

咖哩美乃滋
佐酥炸大蝦

🍴 材料

食材
帶殼草蝦	200g
高麗菜絲	70g
海苔絲	5g

醃料
鹽	2g
蛋白	15g
米酒	10g

炸粉糊
酥炸粉	90g
水	80g

調味料
紅咖哩醬	45g
美乃滋	150g

🍴 作法

前置準備

1 剝除草蝦身體的殼，保留頭與鳳尾，在蝦肉背部切一刀深度約0.5公分。

2 草蝦與醃料拌勻，醃製至少30分鐘，再加入酥炸粉和水，拌勻使蝦肉外形成一層粉糊。

3 高麗菜絲泡入冰開水冰鎮約10分鐘，瀝乾後鋪於盤中。

4 將全部調味料拌勻，填入塑膠袋或擠花袋備用。

烹調組合

5 起一油鍋（油量需覆蓋蝦），油溫加熱至170℃，將草蝦油炸3分鐘至熟，撈起。

6 將炸熟的草蝦排於高麗菜絲上，擠上作法4的紅咖哩美乃滋，再放上海苔絲點綴即可。

1-1

2-1

2-2

2-3

3-1

5-2

6-1

醬料 & 高湯

紅咖哩醬 P.54

主廚叮嚀

＊ 炸粉糊的濃稠度愈濃，則麵衣愈厚，相對愈酥脆。

＊ 咖哩醬與美乃滋的比例會影響鹹度與濃稠度，可依個人口味增減。

＊ 調味美乃滋時，記得順著同方向拌勻，避免毫無規律與方向的胡攪亂拌，而導致油水分離。

果香鮮蝦

醬料 & 高湯

橙香汁 P.47

材料

食材
蝦仁	300g
火龍果果肉	15g
柳橙	10g
什錦水果（罐頭）	100g
薄荷葉（去梗與老葉）	3g
熟白芝麻	3g

醃料
鹽	3g
蛋白	15g
米酒	20g

炸粉糊
酥炸粉	120g
水	100g

醬料
橙香汁	120g

勾芡汁
太白粉水	30g（粉15g、水15g）

作法

前置準備

1　蝦仁肉背部切一刀深度約0.5公分，與醃料拌勻，醃製至少30分鐘，再加入酥炸粉和水，拌勻使蝦肉外形成一層粉糊。

2　火龍果切小丁；柳橙切片；什錦水果撈起並瀝乾，再放入盤中鋪底，備用。

烹調組合

3　蝦仁放入油溫170℃的油鍋（油量需覆蓋蝦仁），炸3分鐘至熟，撈起。

4　鍋中放入30g無鹽奶油（或沙拉油），以小火熔化，倒入橙香汁、太白粉水，攪拌至濃稠。

5　再放入炸熟的蝦仁，快速炒勻後排於水果上，接著放上火龍果肉、熟白芝麻，柳橙片圍邊，點綴薄荷葉即可。

主廚叮嚀

＊ 水果罐頭可以用新鮮水果替代。

＊ 炸粉糊需要調成優酪乳的濃稠度，使其炸至如同球狀。

　　　　　　食用量 3～4人

鳳梨果律蝦球

醬料＆高湯

西檸汁 P.46

🏺 材料

食材
蝦仁	300g
鳳梨片（罐頭）	150g
蔓越莓果乾	5g
熟松子	5g

醃料
鹽	3g
蛋白	15g
米酒	20g

炸粉糊
酥炸粉	120g
水	100g

調味料
西檸汁	30g
煉乳	20g
美乃滋	120g

🍴 作法

前置準備

1 蝦仁肉背部切一刀深度約0.5公分，與醃料拌勻，醃製至少30分鐘，再加入酥炸粉和水，拌勻使蝦肉外形成一層粉糊。

2 將全部調味料拌勻，填入塑膠袋或擠花袋。

3 鳳梨片撈起後切片（一開6小片），瀝乾再排入盤中鋪底備用。

烹調組合

4 蝦仁放入油溫170℃的油鍋（油量需覆蓋蝦仁），炸3分鐘至熟，撈起。

5 將炸熟的蝦仁排於鳳梨片上，再擠上作法2西檸美乃滋，並撒上蔓越莓果乾、熟松子即可。

主廚叮嚀

＊ 鳳梨片罐頭可以用新鮮水果替代。

＊ 西檸汁與美乃滋的比例，可以依個人口味調整，也可用優格代替美乃滋。

咖哩椰漿炒蝦

🍳 材料

食材 A
帶殼白蝦	400g
細冬粉	50g
香菜（去梗與老葉）	3g

食材 B
白洋蔥（去膜）	100g
蒜頭（去膜）	50g
青蔥（去根部與老葉）	50g
芹菜嫩葉	3g

炸粉
太白粉	45g

調味料 A
沙茶京醬	45g
紅咖哩醬	45g
家禽高湯（或蝦高湯）	200g
椰漿	100g

調味料 B
芝麻香油	15g

勾芡汁
太白粉水	15g（粉7g、水8g）

主廚叮嚀
＊ 蝦子油炸時易產生油爆，故炸前可擦乾水分，避免作用過於激烈。

＊ 點綴的芹菜葉可換成咖哩葉、香菜或薄荷葉。

🍴 作法

前置準備

1 在白蝦背部切一刀深度約0.5公分，與太白粉拌勻備用。

2 細冬粉泡水至軟；洋蔥切寬1公分粗條；蒜頭切末；青蔥切3～4公分長段，備用。

烹調組合

3 白蝦放入油溫180°C的油鍋（油量需覆蓋蝦仁），炸2分鐘即撈起。

4 鍋中放入45g豬油（或沙拉油），以小火炒香食材B，再放入沙茶京醬、紅咖哩醬炒香，接著倒入高湯、椰漿煮滾。

5 再放入白蝦與細冬粉，煮5分鐘收汁，加入太白粉水勾芡至滾，倒入芝麻香油，盛盤，用芹菜葉點綴即可。

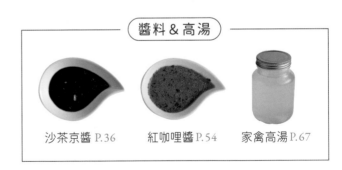

醬料 & 高湯

沙茶京醬 P.36　　紅咖哩醬 P.54　　家禽高湯 P.67

蒜香鮮蝦粉絲煲

🍴 材料

食材 A

帶殼白蝦	400g
寬冬粉	50g
香菜（去梗與老葉）	3g

食材 B

乾香菇絲	10g
白洋蔥（去膜）	100g
蒜頭（去膜）	50g
青蔥（去根部與老葉）	50g

食材 C

蒜頭酥	30g
紅蔥酥	30g

炸粉

太白粉	40g

調味料

蠔油風味醬	30g
蒜蓉醬	15g
沙茶京醬	50g
家禽高湯（或蝦高湯）	300g
白胡椒粉	3g
芝麻香油	10g

勾茨汁

太白粉水	15g（粉5g、水10g拌勻）

🍽 作法

前置準備

1. 白蝦背部切一刀深度約0.5公分，與太白粉拌勻；乾香菇絲泡軟，備用。

2. 寬冬粉泡水至軟；洋蔥切寬1公分粗條；蒜頭切末；青蔥切3～4公分長段，備用。

烹調組合

3. 白蝦放入油溫180℃的油鍋（油量需覆蓋蝦仁），炸2分鐘即撈起。

4. 鍋中放入45g豬油（或沙拉油），以小火炒香食材B，再放入蠔油風味醬、蒜蓉醬、沙茶京醬炒香，接著倒入高湯、白胡椒粉煮滾。

5. 放入白蝦與寬冬粉，煮5分鐘收汁，再加入太白粉水勾茨至滾，倒入蒜頭酥、紅蔥酥和芝麻香油，快速炒勻盛入砂鍋，用香菜點綴。

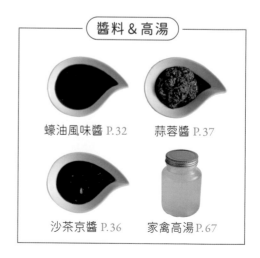

醬料 & 高湯

蠔油風味醬 P.32　　　蒜蓉醬 P.37

沙茶京醬 P.36　　　家禽高湯 P.67

主廚叮嚀

＊ 蝦子油炸時容易油爆，可在炸前擦乾水分。

＊ 南北貨雜貨商行有販售現成的乾香菇絲，若不好
　　購買，可用整朵乾香菇泡軟後再切絲。

海鮮　　　食用量 3～4人

酸辣蝦湯

🍴 材料

食材 A

帶殼白蝦	300g
蛤蜊	300g
草菇	50g
小番茄（去蒂頭）	80g
紅辣椒（去蒂頭與籽）	20g
白洋蔥（去膜）	100g
檸檬果肉（去皮）	80g

食材 B

南薑	5g
香茅	30g
檸檬葉	3g

調味料 A

蝦高湯	500g

調味料 B

鹽	10g
雞粉	10g
泰式魚露	45g
新鮮檸檬汁	30g
泰式酸辣紅醬	45g

（ 醬料 & 高湯 ）

泰式酸辣紅醬 P.52　　蝦高湯 P.71

🍴 作法

前置準備

1. 帶殼白蝦洗淨後開背挑除腸泥；蛤蜊吐沙並洗淨，備用。

2. 草菇、小番茄剖半；紅辣椒切斜片；洋蔥切塊；檸檬果肉、南薑切薄片；香茅切小段，備用。

烹調組合

3. 起一乾鍋，加入30g沙拉油，將白蝦煎炒過，再加入食材B和高湯，以小火熬煮約20分鐘，將高湯濾出。

4. 接著加入全部食材A、調味料B，以中火煮滾即可離火。

主廚叮嚀

* 蛤蜊可放入1.5～2%鹹度的鹽水，使其吐沙。
* 魚露為鹹味、酸辣紅醬為酸香辣度，醬料與高湯的比例可依個人鹹淡口味調整。
* 部分東南亞料理會以羅望子醬當成酸味來源，故新鮮檸檬汁可換成等量的羅望子醬取代之。
* 蝦子在煎炒時比容易油爆情形，可在下鍋前擦乾水分。也可運用烤箱烘烤方式使蝦子香味更能釋放。
* 將香茅、檸檬葉等香料濾出，能讓湯品內容物比較清澈，若不濾出香料，會使湯品香味較濃郁持久，故可依個人喜好調整作法。

海鮮　　　　　　　食用量 4～6人

泰皇炒螃蟹

石蟹可以替換成
任何方便購買的蟹類，
一般餐廳會用軟殼蟹，
使其可以和醬料一起食用。

📛 材料

食材

石蟹蟹身 ── 2隻（300g）

生鴨蛋液 ── 3個（180g）

墨西哥餅皮 ──────── 1張

香菜（去梗與老葉）── 3g

炸粉

玉米粉 ──────────── 50g

太白粉 ──────────── 50g

調味料

紅咖哩醬 ────────── 100g

蝦高湯 ──────────── 80g

細砂糖 ──────────── 50g

蝦油 ──────────── 15g

泰式魚露 ────────── 45g

醬料 & 高湯

紅咖哩醬 P.54　　蝦高湯 P.71

主廚叮嚀

＊ 若家中使用不沾鍋，即可省略潤鍋程序。

＊ 魚露為鹹味、酸辣紅醬為酸香辣度，醬料與高湯的比例可依個人鹹淡口味調整。

＊ 一般會選擇哈士麵包，但較難購買，故可以換成法式麵包、吐司或餐包類，來搭配沾醬食用。

🍴 作法

前置準備

1 石蟹蟹身洗淨後瀝乾，每隻切4等份，表面均勻沾裹炸粉至乾爽乾粉狀態。

2 生鴨蛋液與調味料拌勻即為醬料；墨西哥餅皮切8等份，備用。

烹調組合

3 起一油鍋（油量需覆蓋餅皮），油溫加熱至180℃，墨西哥餅皮放入油鍋炸酥即撈起，待降溫。

4 石蟹蟹身放入油溫170℃的油鍋，炸3分鐘至熟成並表面酥脆，撈起瀝乾油分。

5 鍋內留約45g沙拉油，放入作法2醬料，拌炒至濕潤稍微開始凝固的滑蛋狀態，取一半盛入小碗中當作沾醬。

6 鍋中剩餘醬料和蟹肉炒勻，撈起後盛盤，點綴香菜，可以搭配墨西哥餅皮一起食用

海鮮　　　　食用量 4～6人

辣椒炒螃蟹

主廚叮嚀

* 辣椒可依個人辣度口味，調整使用量。

* 螃蟹可以換成三點蟹、花蟹或任何好購買的蟹類。

* 炸螺絲捲可以搭配螃蟹以及醬料一起食用，增加
　豐富性與飽足感。

🍲 材料

食材 A
紅蟳蟹身	2隻（300g）
螺絲捲（或銀絲卷）	150g
雞蛋液	2個（100g）
芹菜嫩葉	5g
香菜（去梗與老葉）	3g

食材 B
白洋蔥（去膜）	100g
蒜頭（去膜）	50g
紅辣椒（去蒂頭與籽）	30g

炸粉
玉米粉	80g
太白粉	80g

調味料
番茄醬	100g
泰式蝦醬	100g
蝦高湯	300g

勾芡汁
太白粉水	24g
	（粉8g、水16g）

🍴 作法

前置準備

1. 紅蟳蟹身洗淨後瀝乾，每隻切4等份，表面均勻沾裹炸粉至乾爽乾粉狀態。

2. 洋蔥切1公分寬條狀；蒜頭、紅辣椒切末，備用。

烹調組合

3. 螺絲捲放入蒸鍋，以大火蒸7分鐘至熱後，再放入180°C熱油中炸上色及酥，撈起備用。

4. 紅蟳蟹身放入油溫170°C的油鍋炸2分鐘，撈起先放置一旁。

5. 油溫加熱至180°C，紅蟳蟹身放入油鍋1分鐘逼油炸酥，撈起瀝油。

6. 鍋內留約30g油，以小火炒香食材B，再加入番茄醬、泰式蝦醬炒香。

7. 接著加入高湯、作法5紅蟳，轉中火燒煮2分鐘，加入太白粉水勾芡。

8. 倒入雞蛋液炒形成滑蛋狀即可盛盤，點綴芹菜嫩葉與香菜，可以搭配螺絲捲一起食用

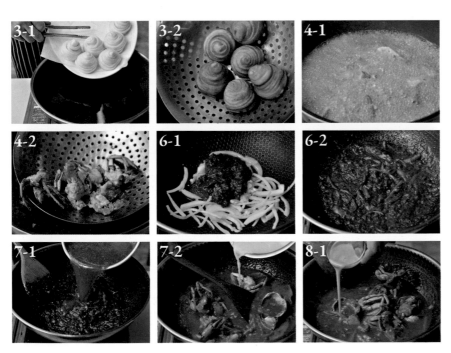

醬料 & 高湯

泰式蝦醬 P.53

蝦高湯 P.71

青椒蟹腿肉

🍴 材料

食材 A

螃蟹腿肉	200g
青椒（去蒂頭與籽）	100g

食材 B

蒜頭（去膜）	50g
薑	30g
紅辣椒（去蒂頭與籽）	50g

醃料

鹽	2g
白胡椒粉	5g
米酒	30g
水	30g
玉米粉	10g

調味料

沙茶京醬	75g
蝦高湯	60g
紹興酒	5g
芝麻香油	5g

勾芡汁

太白粉水 —— 9g（粉3g、水6g拌勻）

🍴 作法

前置準備

1 螃蟹腿肉洗淨，與醃料拌勻，醃製至少30分鐘。

2 青椒切和螃蟹腿肉接近的條狀，大約2～3公分長、1公分寬。

3 蒜頭、薑切末；紅辣椒切斜片，備用。

烹調組合

4 蟹腿肉放入一鍋滾水，熄火悶泡1～2分鐘，再放入青椒，開大火煮30秒即撈起。

5 起一乾鍋，加入20g沙拉油，以小火炒香食材B，加入青椒、蟹肉與調味料，炒勻後加太白粉水勾芡即可盛盤。

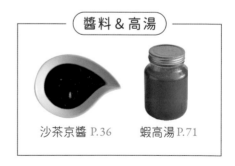

醬料 & 高湯

沙茶京醬 P.36　　蝦高湯 P.71

主廚叮嚀

＊ 蝦高湯可以換成等量家禽高湯。

＊ 市售有已處理好的螃蟹腿肉，很方便烹調，
　 也可換成任何蟹類。

海鮮　　食用量 3～4人

西湖醋魚

草魚是傳統作法選用的食材，
可以用其他魚類替換。

主廚叮嚀

※ 保持80～90℃的水溫水煮，類似西餐的
　水波煮手法，能讓水產品肉質軟嫩鮮甜。
※ 老醋酸甜醬和烏醋一起搭配，目的爲酸味
　會揮發，運用兩次加醋可以更強化酸香度。
※ 可添加老抽或醬油，增其色澤。

🏺 材料

食材

草魚中段肉	300g
紅辣椒絲	50g
嫩薑絲	50g

醃料

鹽	3g
白胡椒粉	5g
米酒	30g
紹興酒	50g
水	30g

調味料A

水	2000g
鹽	15g
紹興酒	50g
薑片	50g
靑蔥段	50g

調味料B

老醋酸甜醬	100g
烏醋	100g

調味料C

芝麻香油	15g

勾芡汁

太白粉水	15g
（粉5g、水10g拌勻）	

> **醬料＆高湯**
>
>
>
> 老醋酸甜醬 P.36

🍴 作法

前置準備

1 將草魚中段肉的表面劃刀，每一面各劃兩刀，深度約肉深的一半。

2 再用額外的1大匙鹽與1大匙低筋麵粉搓揉並去除黏液，沖水洗淨後拌入醃料，醃製至少30分鐘。

3 將食材的紅辣椒絲、嫩薑絲一起泡入冰開水備用。

烹調組合

4 調味料A倒入深鍋，以大火煮滾，再放入草魚，將水再次煮滾後熄火，蓋上鍋蓋，保持80～90℃水溫，泡8～10分鐘。

5 確認魚肉能輕鬆穿刺、肉與骨能分離，達到熟成卽可撈起，瀝乾水分後排於盤中。

6 調味料B大火煮滾，倒入太白粉水勾芡至滾，加入芝麻香油拌勻後淋在魚肉上，盤邊搭配薑絲、紅辣椒絲卽可。

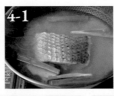
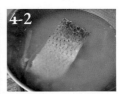
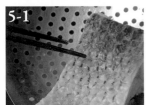
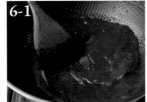

泰式檸檬魚

檸檬去除外皮與白膜，
能減少苦澀味。

🍴 材料

食材
鱸魚	1尾（600g）
紅辣椒（去蒂頭）	10g
薑	15g
白洋蔥（去膜）	100g
香菜（去梗與老葉）	20g
青蔥（去根部和老葉）	50g
檸檬	40g

調味料
米酒	30g
泰式酸辣紅醬	200g

🍴 作法

前置準備

1 鱸魚去除魚鰓、魚鱗與內臟後，洗淨並去除魚身骨頭旁魚血線。

2 鱸魚從腹部剖到背部而不斷的蝴蝶切手法，並於帶骨那面較厚的魚身劃三刀。

3 紅辣椒、薑切末；洋蔥切1公分寬條狀；青蔥切蔥花；香菜切末；檸檬切厚度0.3公分環切片，備用。

烹調組合

4 洋蔥鋪於盤中，鱸魚翻開後魚皮向上排於洋蔥上，撒上辣椒末，淋上米酒後放入蒸鍋，以大火蒸約10分鐘至熟成。

5 將泰式酸辣紅醬淋在魚身，再次用大火蒸1～2分鐘後取出，排上檸檬片點綴，撒上蔥花和香菜即可。

醬料 & 高湯

泰式酸辣紅醬 P.52

主廚叮嚀

＊ 泰式酸辣紅醬也可換成泰式酸辣醬（P.64），各有不同風味。

＊ 鱸魚是臺灣容易取得的本產魚種之一，也可以換成其他喜歡的魚種。

＊ 泰式檸檬魚主要以泰式魚露當鹹度、檸檬汁當酸度、取辣椒的辣度，也可因個人喜好而加強使用量。

＊ 泰式酸辣紅醬因含檸檬，容易因加熱而降低酸度，不宜加熱過久，所以在魚熟成後再淋上醬料，蒸氣加熱2分鐘，蒸完後可用蒸魚爐或卡式爐等爐火保溫加熱的方式，使香味在上桌後持續。

海鮮　　　　　　　食用量 3～4人

馬來咖哩燒魚頭

材料

食材
大魚頭	500g
牛番茄（去皮）	240g
秋葵（去蒂頭）	80g
叻沙葉	50g
薄荷葉（去梗與老葉）	10g

醬料
紅咖哩醬	300g

調味料
蝦高湯	300g
羅望子醬	50g
椰漿	100g
白胡椒粉	2g
鹽	5g
雞粉	10g
細砂糖	5g

醬料 & 高湯

紅咖哩醬 P.54　　蝦高湯 P.71

作法

前置準備

1 魚頭洗淨後加上2大匙紅咖哩醬，醃製至少30分鐘；牛番茄切細丁，備用。

烹調組合

2 起一乾鍋，放入30g沙拉油，以小火炒紅咖哩醬，炒至油亮光澤且釋出香味。

3 再加入牛番茄，炒出紅潤油亮，接著加入叻沙葉炒香，再加入全部調味料，並放入魚頭及秋葵。

4 繼續以小火燜煮15分鐘至熟成，盛盤，撒上薄荷葉點綴增香即可。

主廚叮嚀

＊ 蝦高湯可換成等量的家禽高湯。

＊ 羅望子醬50g可用10g羅望子泡入40g水中至軟。

＊ 羅望子的酸度、辣椒量的辣度，可因個人喜好而加強或減少。

＊ 羅望子（亞參果），馬來文是assam jawa，非常酸且獨特，這材料是必須的，檸檬沒辦法代替它。

＊ 叻沙葉（越南香菜）獨特的香味非常適合這道魚料理，若不好購買則可省略。

＊ 這道料理類似馬來西亞的阿參魚（assam魚），魚頭可換成容易購買的魚種，例如：大頭鰱魚頭、草魚頭或鱈魚頭。

川味豆瓣魚

🍴 材料

食材A
吳郭魚	1尾（800～1000g）
豬絞肉	100g
青蔥（去根部與老葉）	50g

食材B
紅辣椒（去蒂頭與籽）	30g
蒜頭（去膜）	80g
薑	50g

調味料A
郫縣豆瓣醬（或辣豆瓣醬）	80g
芝麻香油	30g

調味料B
油潑辣子醬	45g
五味醬	45g
米酒	50g
甜酒釀	60g
家禽高湯	400g

勾芡汁
太白粉水	30g（粉10g、水20g拌勻）

🍴 作法

前置準備

1 吳郭魚去除魚鰓、魚鱗與內臟後，洗淨並去除魚身骨頭旁魚血線，將魚身兩面各劃三刀，深度約肉的一半厚度。

2 青蔥切蔥花；紅辣椒、薑、蒜頭切末，備用。

烹調組合

3 採油炸或煎的方式，將油溫加熱至180℃，魚放入油鍋，大火炸約3分鐘至魚身表面金黃並定型，撈起瀝油。

4 起一乾鍋，放入50g沙拉油，以小火炒香豬絞肉，再放入食材B、郫縣豆瓣醬炒香，炒出紅潤色澤。

5 接著加入調味料B炒勻，放入炸好的魚，以小火煮約10分鐘至軟化且入味，將魚撈起先排入長盤。

6 鍋中醬料以太白粉水勾芡至滾，倒入芝麻香油加熱，再淋於魚肉及鋪上蔥花即可。

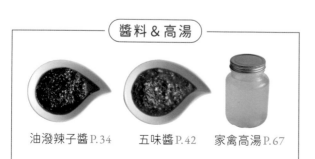

醬料＆高湯

油潑辣子醬 P.34　　五味醬 P.42　　家禽高湯 P.67

主廚叮嚀

＊ 豆瓣魚選擇油潑辣子醬的辣香度，搭配五味醬的鹹辣甜與
  香氣，使豆瓣魚調味料備料減少複雜度。

＊ 傳統豆瓣魚是以草魚、鯉魚為主材料，您可以選購容易取
  得的魚種烹調，而吳郭魚（臺灣鯛）是臺灣很容易買到的
  本產魚種之一，也可換成個人喜好的魚種。

石斑魚是臺灣容易取得的本產魚
種之一，也可以換成個人喜歡
的魚種。市面有販售許多魚
去除頭尾、中間大骨頭，
分切後的清肉，也是家
庭烹調不錯的選擇。

海鮮　　食用量 3～4人

清蒸鮮魚

醬料＆高湯

魚露風味醬 P.41

材料

食材 A

石斑魚	1尾（800g）
洋蔥（去膜）	100g

食材 B

青蔥（去根部與老葉）	80g
紅辣椒（去蒂頭與籽）	30g
薑	20g

調味料

米酒	30g
魚露風味醬	200g
黑胡椒粒	3g
芝麻香油	40g

主廚叮嚀

＊ 石斑的魚鱗細小，能藉由淋熱水的方式，較能完整去除魚鱗。

＊ 蒸魚確認熟度一般會看眼睛是否凸起，或筷子穿插魚身是否能輕鬆插入，以及魚肉和中間大骨頭是否能分離來判斷。

＊ 出餐方式可用蒸魚爐或卡式爐等爐火保溫加熱的方式，使香味在上桌後持續。

＊ 魚從蒸鍋取出時，會有蒸鍋蓋滴水以及魚汁滲透混合的液體，因此除了魚的鮮甜味之外也會帶腥味。一般我們會倒掉大部分，最多僅保留少許，再淋上魚露風味醬，避免腥味以及鹹度不夠。

作法

前置準備

1 石斑魚去除魚鰓、魚鱗與內臟後，洗淨並去除魚身骨頭旁魚血線，用80～90℃熱水淋於表面，洗除細魚鱗及黏液。

2 石斑魚從腹部剖到背部而不斷的蝴蝶切手法，並於帶骨那面較厚的魚身劃三刀。

3 洋蔥切1公分寬條狀；青蔥切0.2公分寬的蔥絲、紅辣椒、薑切細絲，備用。

4 全部食材B先泡入冰開水水備用。

烹調組合

5 長盤鋪上洋蔥後放上蒸魚，將魚翻開，魚皮向上排至洋蔥上，淋上米酒後放入蒸鍋，以大火蒸約13分鐘至熟成，取出。

6 將加熱的魚露風味醬淋魚身上，排上瀝乾的蔥薑及紅辣椒絲，撒上黑胡椒粒，淋上加熱至160℃的芝麻香油即可。

　　　　食用量 3～4人

香酥紅糟鰻

醬料 & 高湯

紅糟醬 P.42

🍶 材料

食材

海鰻清肉	400g
青蔥（去根部與老葉）	80g
薑	20g
九層塔（去梗與老葉）	20g

椒鹽粉

白胡椒粉	20g
鹽	10g
雞粉（或冰糖攪成細粉）	5g
蒜頭粉	5g
花椒細粉	5g
百草粉	1g

醃料

紅糟醬	200g
烏醋	5g
米酒	30g
五香粉	2g
白胡椒粉	2g
蒜頭粉	2g

炸粉

粗地瓜粉	200g
細地瓜粉	100g

🍴 作法

前置準備

1　海鰻清肉切寬2、長5公分的條狀；青蔥切小段；薑切片；椒鹽粉攪拌均勻，備用。

2　鰻魚清肉與蔥、薑、醃料拌勻，醃製至少1小時。

烹調組合

3　鰻魚清肉均勻沾裹一層炸粉至乾爽不沾手。

4　起一油鍋（油量需覆蓋鰻魚），油溫加熱至170℃，將鰻魚放入油鍋，油炸3分鐘至熟酥，再放入九層塔炸酥，一起撈起瀝乾。

5　鰻魚酥排入盤中，撒上適量椒鹽粉，搭配炸好的九層塔食用即可。

主廚叮嚀

＊ 鰻魚可以換成其他容易購買的魚類清肉。

＊ 紅糟醬帶著色澤與鹹甜，沾裹均勻乾粉直接油炸，可減少醬料滲透而造成成顏色過重的結果。

＊ 減少鰻魚刺的方式，可運用醋軟化，或於魚肉內側以間距0.2公分、深度為魚肉厚度的2/3連續直切，達到斷刺。

杭州醬燒砂鍋魚頭

材料

食材 A
大頭鰱魚頭	600g
蛤蜊	100g
大白菜（去老葉與菜心）	400g
凍豆腐	100g
青蒜苗（去根部與老葉）	80g

食材 B
乾魷魚	25g
豬五花肉	150g
青蔥（去根部與老葉）	80g
乾香菇	30g
蝦米（開陽）	10g

調味料 A
米酒	30g
甜麵豆瓣醬	200g
白胡椒粉	5g

調味料 B
家禽高湯	3000g
雞粉	30g
紹興酒	30g
芝麻香油	30g

作法

前置準備

1. 大頭鰱魚頭以額外的2大匙鹽與2大匙低筋麵粉搓洗，去除黏液雜質並洗淨，擦乾水分。

2. 蛤蜊放入1.5～2%鹹度的鹽水，使其吐沙並洗淨，備用。

3. 青蒜苗、青蔥切3公分長斜段；乾香菇泡水至軟再切片；蝦米泡米酒，備用。

4. 乾魷魚切寬1公分、長3公分條狀，泡水至軟；豬五花肉切寬2、長4公分片狀；大白菜切約5公分方片，備用。

醬料 & 高湯

甜麵豆瓣醬 P.37

家禽高湯 P.67

接續下一頁 ▶ ▶

烹調組合

5 起一油鍋（油量需覆蓋魚頭），
油溫加熱至180℃，將魚頭放入
油鍋，油炸1～2分鐘至金黃並定
型，撈起瀝油。

6 起一乾鍋，加入50g豬油（或沙拉
油），放入食材B、甜麵豆瓣醬，以
小火炒香，再加入調味料B煮滾。

7 接著放入大白菜、凍豆腐以及魚
頭，加入白胡椒粉，繼續煮20分
鐘至魚頭入味軟化，再放入青蒜苗
即可。

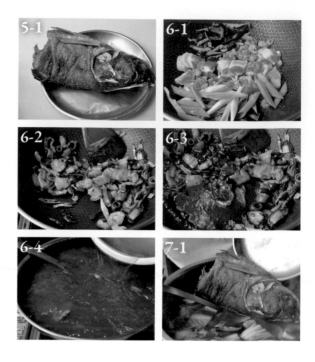

主廚叮嚀

* 魚頭炸過可以減少土味與腥味，同時也更易定型，
避免久煮後魚肉散開。

* 一般會用大頭鰱魚，魚頭可以換成其他容易購買的
魚類，並可依照個人喜好添加火鍋配料。

* 杭州風味會用黑豆瓣醬與甜麵醬調整鹹度，與傳統
臺灣砂鍋魚頭的沙茶味不同，各有不同風味，這道
以甜麵豆瓣醬帶入，以達快速備餐出菜。

* 此湯品基本味型有甜麵醬、豆瓣醬、蝦米、乾魷魚、
豬肉以及白胡椒粉的複合香氣。

傳統作法會用草魚頭或是大頭鰱魚的頭來做，魚頭可以換成其他容易購買的魚類。

海鮮　　食用量 3～4人

剁椒魚頭

🍶 材料

食材

草魚魚頭	300g
紅辣椒（去蒂頭與籽）	50g
泡野山椒（去蒂頭）	100g
青辣椒（去蒂頭）	15g
蒜頭（去膜）	100g

調味料A

豬板油（攪碎）	80g
米酒	30g

調味料B

辣椒醬	23g
麻辣醬	25g
細砂糖	15g
雞粉	15g

麻辣醬
P.33

🍴 作法

前置準備

1　魚頭以額外的1大匙鹽與1大匙低筋麵粉搓洗，去除黏液雜質並洗淨，擦乾水分。

2　紅辣椒、泡野山椒、青辣椒、蒜頭分別剁成0.5公分小丁。

烹調組合

3　蒜頭放入150℃的油鍋，炸至表面金黃即撈起。

4　豬板油放入炒鍋，加入米酒，以小火加熱持續攪拌煉成豬油，並將豬油與豬油渣分開。

5　豬油以小火加熱，加入辣椒醬，炒出色澤香氣，接著放入紅辣椒、泡野山椒、麻辣醬和豬油渣炒勻，熄火。

6　再放入細砂糖與蒜酥拌勻成剁椒醬，再淋於魚頭上，放進蒸鍋，以大火蒸約15分鐘熟成。

7　青辣椒用少許芝麻香油、藤椒油小火炒香，撒在魚頭上搭配色澤即可。

主廚叮嚀

＊ 泡野山椒屬於四川泡菜泡椒的作法，在餐飲乾貨雜貨商家可購得。也可自製，參考黃椒醬之四川泡菜作法，見P.38。

海鮮　　　　　食用量 3〜4人

香料魚酥
佐果香優格醬

🧂 材料

食材

鯛魚片	400g
火龍果果肉	20g
蘿蔓生菜（去老葉與菜心）	100g
紫包心生菜（去老葉與菜心）	30g
紫洋蔥（去膜）	100g
熟松子	5g
葡萄乾	10g

醃料

鹽	5g
蛋白	15g
米酒	20g
白胡椒粉	1g
義大利綜合香料	2g

炸粉糊

酥炸粉	120g
水	90g

醬料

果香優格醬	200g

醬料＆高湯

果香優格醬 P.63

🍴 作法

前置準備

1 鯛魚片切寬2、長5公分條狀，與醃料拌勻，醃製至少30分鐘，再加入酥炸粉和水，拌勻使魚條外形成一層粉糊。

2 火龍果切小丁；蘿蔓生菜、紫包心生菜切約3公分方片；洋蔥切細絲，這三種蔬菜一起放入冰開水冰鎮備用。

烹調組合

3 起一油鍋（油量需覆蓋魚片），油溫加熱至170℃，將鯛魚條油炸3分鐘即撈起，放置一旁。

4 油溫加熱至180℃，魚片再次入油鍋，炸酥表面約1分鐘，撈起並瀝油。

5 將作法2食材排入盤中，放上炸好的魚酥，撒上熟松子與葡萄乾，淋上果香優格醬即可。

主廚叮嚀

* 蝦酥炸粉糊需要調成優酪乳優格狀態的濃稠度，使其均勻包覆。
* 生菜直接搭配果香優格醬一起食用，也非常適合。
* 果香優格醬可以減少酥炸類的油膩感，達到開胃促進食慾的效果。

XO醬炒雙鮮

🍴 材料

食材 A

蝦仁	100g
鮮干貝	100g
紅甜椒（去蒂頭與籽）	40g
黃甜椒（去蒂頭與籽）	40g
甜豆	80g
（去頭尾與老化纖維）	

食材 B

薑	840g
青蔥（去根部與老葉）	840g
蒜頭（去膜）	840g

醃料

鹽	5g
白胡椒粉	5g
蛋白	15g
米酒	15g
水	100g
玉米粉	45g

調味料 A

蠔油風味醬	10g
二湯調味水	40g
XO干貝醬	30g
家禽高湯	100g

調味料 B

紹興酒	30g
芝麻香油	30g

勾芡汁

太白粉水	30g
（粉15g、水15g拌勻）	

🍴 作法

前置準備

1　蝦仁、鮮干貝與醃料拌勻，醃製至少10分鐘，再分成兩份，即蝦仁與鮮干貝各一半。

2　紅甜椒、黃甜椒、薑切菱形片；青蔥切1公分小段；蒜頭切片，備用。

烹調組合

3　甜豆、紅黃甜椒放入滾水，以大火燙1～2分鐘撈起；鮮干貝與蝦仁用90℃溫水泡2分鐘撈起，備用。

4　起一乾鍋，放入50g豬油（或沙拉油），以小火炒香食材B，再加入調味料A煮滾，試鹹淡口味。

5　接著放入食材A，並加入太白粉水勾芡至滾，倒入紹興酒、芝麻香油炒勻即可盛盤。

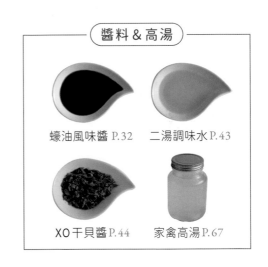

醬料 & 高湯

蠔油風味醬 P.32　　二湯調味水 P.43

XO干貝醬 P.44　　家禽高湯 P.67

主 廚 叮 嚀

＊ 雙鮮意指兩種以上鮮味的食材，所以可換成透抽軟足類、貝類、蝦類等食材。

蔥燒婆參

醬料 & 高湯

蠔油風味醬 P.32　家禽高湯 P.67

材料

食材
婆參（去除內臟腸泥）	250g
甜豆（去頭尾與老化纖維）	80g
青蔥（去根部與老葉）	100g
蒜頭（去膜）	40g

調味料 A
青蔥段	30g
薑片	50g
米酒	50g
水	600g

調味料 B
蠔油風味醬	100g
家禽高湯	50g
紹興酒	50g
芝麻香油（或紅蔥油）	30g

勾芡汁
太白粉水	20g（粉10g、水10g拌勻）

作法

前置準備

1　婆參切寬2、長4公分塊狀；青蔥切4公分長段，備用。

烹調組合

2　調味料A以中火煮滾，放入婆參汆燙1～2分鐘撈起。

3　青蔥、蒜仁分別放入150℃的油鍋，炸至表面金黃即撈起。

4　起一乾鍋，加入50g豬油（或沙拉油），放入炸蔥段、炸蒜仁，以小火炒香，再倒入甜豆和蠔油風味醬炒香，接著加入高湯調味。

5　將燙好的婆參放入作法4鍋中，並加入勾芡汁煮至水分收汁，最後倒入紹興酒、芝麻香油即可。

主廚叮嚀

※ 婆參又稱豬婆參，是相當高級的食材，常烹調蔥燒或是佛跳牆等燉湯類。婆參可以換成容易購買的海參類，例如：烏參。

海鮮　　　　食用量 3〜4人

泰式涼拌海鮮

醬料 & 高湯

泰式涼拌醬 P.63

材料

食材A
中卷 ──────────1尾（300g）
蝦仁 ──────────────300g
即食蟹味棒 ────────────100g

食材B
白洋蔥（去膜）──────────50g
紫洋蔥（去膜）──────────50g
美生菜（去老葉與菜心）──────150g
黃甜椒 ──────────────50g
小番茄（去蒂頭）─────────50g
小黃瓜 ──────────────80g
青蔥（去根部與老葉）──────20g
香菜（去梗與老葉）──────20g

醬料
泰式涼拌醬 ──────────200g

作法

前置準備

1 中卷去除內臟後洗淨；蟹味棒切2〜3公分段，備用。

2 全部洋蔥切細絲；美生菜剝成約3公分方片；黃甜椒、小黃瓜切菱形片；小番茄一開3片；青蔥切末，備用。

3 全部洋蔥、美生菜和小黃瓜一起放入冰開水冰鎮。

烹調組合

4 蝦仁和中卷放入滾水，保持約90℃水溫泡3分鐘至熟，再放入冰開水冰鎮，將中卷切2公分寬度的環切片備用。

5 瀝乾的作法3蔬菜拌勻後放入深盤，再放上中卷、白蝦和小番茄，淋上泰式涼拌醬，撒上蔥末和香菜即可。

主廚叮嚀

＊ 中卷可依個人喜好，挑選透抽類或其他海鮮食材。

醬料除了可搭配果香和風醬，
也可依喜好搭配胡麻醬（P.39）、
和風生菜醬（P.62）。

蛋香過貓捲佐果香醬

材料

食材
過貓（去根部、老葉與粗纖維） ········· 150g
海苔 ······················· 1張（5g）
即食蟹味棒 ····················· 60g
肉鬆 ························· 50g
香鬆 ························· 30g

蛋液料
卡士達粉 ······················ 15g
水 ························· 15g
雞蛋液 ···················· 2個（100g）

調味料
美乃滋 ······················· 50g
果香和風醬 ··················· 50g

作法

前置準備

1 卡士達粉和水先攪散，再和雞蛋液拌勻備用。

烹調組合

2 過貓放入滾水，以大火汆燙1分鐘，放入冰開水冰鎮，撈起瀝乾備用。

3 在不沾鍋面抹上少許沙拉油，以小火加熱，倒入適量蛋液，均勻轉圈成圓形，看到蛋皮周圍微微捲曲及熟成，翻面再稍微煎一下製成薄蛋皮備用。

4 在砧板或平盤鋪一層保鮮膜，放上1張蛋皮，再放上海苔，在中心位置排上燙熟的過貓成一束圓柱。

醬料 & 高湯

果香和風醬 P.62

接續下一頁 ▶ ▶

烹調組合

5　均勻擠上美乃滋，依序排上蟹味棒，撒上肉鬆、香鬆。

6　再運用捲壽司的手法，捲緊成圓柱狀，在接口處擠上少許美乃滋並黏好。

7　用保鮮膜捲緊實固定，兩端旋緊使更定型。

8　排盤時以不拆保鮮膜直接切3公分長段，搭配果香和風醬，食用前再拆除保鮮膜即可。

主廚叮嚀

＊ 過貓屬於蕨類的一種，若不易買到，可以用綠色蔬菜替換，例如：龍鬚菜、菠菜。

＊ 保鮮膜能達成定型以及捲緊實加壓的作用，食用前記得先拆除保鮮膜。

＊ 蛋皮過貓捲的捲製過程，將保鮮膜兩邊旋緊必須落實，可以減少裡面的空氣，使其更扎實。

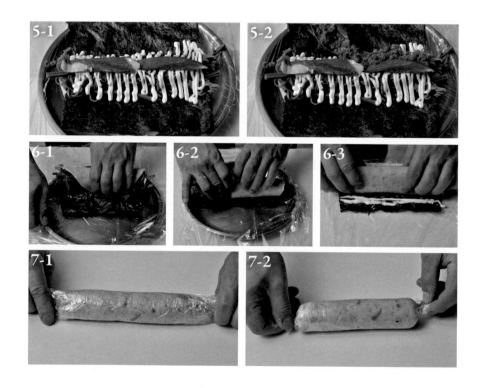

韓式麻藥蛋

🥢 材料

食材

溏心蛋	5個→P.181
青蔥（去根部與老葉）	50g
白洋蔥（去膜）	100g
蒜頭（去膜）	30g
紅辣椒（去蒂頭與籽）	30g
熟白芝麻	10g

調味料

麻辣醬	5g
日式風味鰹魚醬	100g
鰹魚昆布高湯	100g
蜂蜜	5g

🍴 作法

前置準備

1　青蔥切蔥花；洋蔥切細丁；蒜頭切末；紅辣椒切小圈，備用。

2　全部調味料和作法1材料混合拌勻。

烹調組合

3　將剝殼後的溏心蛋放入作法2中，醃泡至少1天。

4　泡入味的溏心蛋盛盤，再撒上熟白芝麻即可。

麻辣醬
P.33

日式風味
鰹魚醬
P.46

鰹魚昆布
高湯
P.66

宮保混蛋

運用油潑辣子醬的香氣、糖醋醬的酸甜
搭配蠔油風味醬的鹹度，
即可營造出川菜宮保料理的荔枝味型。

🍴 材料

食材

雞蛋	1個（50g）
去殼皮蛋	2個（100g）
青蔥（去根部與老葉）	50g
蒜頭（去膜）	30g
薑	30g
乾辣椒段	10g
熟油花生	30g

調味料

油潑辣子醬	7g
蠔油風味醬	30g
糖醋醬	15g
家禽高湯	60g
白胡椒粉	2g

勾芡汁

太白粉水	10g
	（粉3g、水7g拌勻）

🍴 作法

前置準備

1 水煮蛋：雞蛋鈍面氣室端戳一針孔大小，再放入滾水（淹過雞蛋），以中火煮10～12分鐘至熟，撈起放涼（或冰鎮）。

2 皮蛋剝殼後放進蒸鍋，以大火蒸5～7分鐘，放涼。

3 水煮蛋去殼後分切4等份；皮蛋也分切4等份，並於表面沾裹太白粉至乾爽。

4 青蔥切小段；蒜頭切片；薑切菱形片，備用。

烹調組合

5 起一油鍋（油量需覆蓋蛋），油溫加熱至180℃，放入水煮蛋和皮蛋，炸2分鐘至表面凝固，撈起。

6 起一乾鍋，加入15g藤椒油（或沙拉油），以小火炒香蔥白、薑、蒜、乾辣椒、油潑辣子醬。

7 再加入其他調味料、炸好的蛋，煮約5分鐘，接著放入蔥綠段，倒入太白粉水勾芡至滾即可盛盤。

3-1

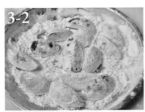
3-2

5-1

5-2

6-1

7-1

7-2

主廚叮嚀

＊ 水煮蛋滾水煮之外，亦可用蒸氣，以大火蒸10分鐘，熟成後一樣冰鎮冷卻再剝殼。

＊ 不同種類的蛋有不一樣的口感及風味，還可以搭配鹹蛋、荷包蛋等，藉由混搭營造料理豐富性。

—(醬料 & 高湯)—

油潑辣子醬 P.34

蠔油風味醬 P.32

糖醋醬 P.39

家禽高湯 P.67

蛋豆類　　　食用量 2〜3人

粉漿蛋餅

材料

食材
青蔥————————20g
（去根部與老葉）
雞蛋液——2個（100g）
熟玉米粒————————50g
起司片————1片（5g）

粉漿
水————————250g
鹽————————————1g
高筋麵粉————————150g
沙拉油————————10g

調味料
胡椒鹽————————2g
海山辣椒醬————50g

作法

前置準備
1 青蔥切蔥花，與粉漿材料攪拌均勻；起司片對切成長方形，備用。

烹調組合
2 在不沾鍋抹上少許沙拉油，倒入粉漿後搖晃開形成一層均勻薄粉漿，以小火煎一面凝固後平移出鍋。

3 鍋中再加入少許沙拉油，倒入攪散的蛋液，並將作法2餅皮移到蛋液上，將蛋液與餅皮結合，蛋液凝固後將其翻面。

4 在中間撒上胡椒鹽，中間區段放上適量熟玉米粒、起司片。

5 用鍋鏟（或竹筷）協助將餅皮往上捲起，使玉米粒、起司片包在餅皮。

6 取出後再切3公分小段，排上盤中，淋上海山辣椒醬即可。

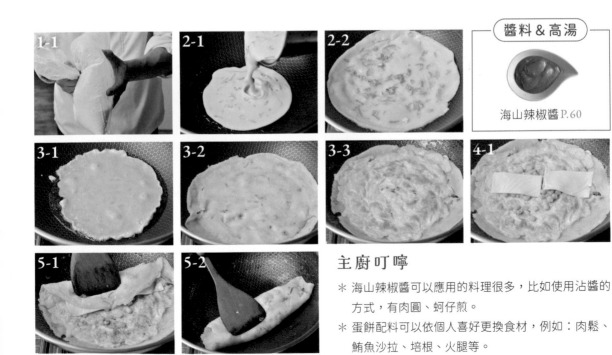

醬料＆高湯

海山辣椒醬 P.60

主廚叮嚀
＊ 海山辣椒醬可以應用的料理很多，比如使用沾醬的方式，有肉圓、蚵仔煎。
＊ 蛋餅配料可以依個人喜好更換食材，例如：肉鬆、鮪魚沙拉、培根、火腿等。

蛋豆類　食用量 3〜4人

黃椒
淋皮蛋

主廚叮嚀

※ 皮蛋想要有蛋黃溏
　心口感,則不宜蒸過;
　但蒸過後的蛋黃,比較
　好切。

※ 皮蛋一般吃法都是搭配醬
　油膏,這道皮蛋則搭配黃椒
　醬,將皮蛋風味提升成更具
　特色的佳餚。

🍴 材料

食材

去殼皮蛋 ───────── 3個（150g）

小黃瓜 ──────────────── 50g

香菜（去老葉）─────────── 20g

醬料

黃椒醬 ──────────────── 80g

黃椒醬
P.38

🍴 作法

前置準備

1 小黃瓜切寬0.2、長度5公分細絲,放入冰開水冰鎮。

2 每個皮蛋切4〜6等份。

烹調組合

3 小黃瓜絲撈起並瀝乾水分,排入盤中。

4 皮蛋排於小黃瓜絲上,淋上黃椒醬,撒上香菜即可。

蛋豆類　　食用量 3〜4人

溏心蛋

主廚叮嚀

＊ 溏心蛋意指蛋的蛋黃並非全熟，大約六至七成熟度，稍微帶流心蛋黃液的狀態。

＊ 蛋可以選擇雞蛋或鴨蛋，雞蛋比較嫩、鴨蛋稍微富Q彈，各有不同口感。

＊ 氣室端戳小孔以及加鹽與水的用意，在於雞蛋熟成時，可以更容易剝殼。

溏心蛋指的是型態，並無固定的調味醬料，
此道搭配的是日式風味醬，
也可試試書中的韓式風味醬或
中式滷汁浸泡的風味。

 材料

食材

雞蛋 ⋯⋯⋯⋯ 5個（300g）

調味料

水 ⋯⋯⋯⋯⋯⋯⋯⋯ 1000g

鹽 ⋯⋯⋯⋯⋯⋯⋯⋯⋯ 15g

白醋 ⋯⋯⋯⋯⋯⋯⋯⋯ 30g

醬料

和風鰹魚醬油 ⋯⋯⋯⋯ 300g

作法

 和風鰹魚醬油
P.61

前置準備

1 雞蛋放於室溫退冰回溫，在鈍面氣室端戳一針孔大小備用。

烹調組合

2 將1000g水煮滾，放入鹽、白醋以及雞蛋，以中火煮6分鐘（達成六分熟），邊煮需持續加熱及攪動，撈起放涼（或冰鎮）。

3 剝除溏心蛋殼，泡入和風鰹魚醬油，醃泡至少1天入味，分切排盤即可。

麻婆豆腐

醬料 & 高湯

油潑辣子醬 P.34　麻辣醬 P.33　家禽高湯 P.67

材料

食材
板豆腐	200g
絞肉（豬或牛皆可）	100g
青蔥（去根部與老葉）	150g
蒜頭（去膜）	50g
薑	50g

調味料A
油潑辣子醬	45g
辣椒醬	45g
辣椒粉	10g

調味料B
麻辣醬	30g
家禽高湯	180g
醬油	5g
細砂糖	15g
雞粉	5g
白胡椒粉	2g

勾芡汁
太白粉水	15g（粉5g、水10g拌勻）

作法

前置準備

1　板豆腐切1.5～2公分方塊；青蔥切蔥花；蒜頭、薑切末，備用。

烹調組合

2　取額外的1000g水入湯鍋，放入15g鹽，放入板豆腐並煮滾1分鐘，撈起後瀝乾。

3　起一乾鍋，加入60g豬油（或沙拉油）、油潑辣子醬，以小火加熱，放入絞肉炒至表面上色，再放入辣椒醬、辣椒粉，炒出紅潤色澤。

4　接著炒香蔥白與薑蒜末，再加入調味料B、板豆腐，蓋上鍋蓋，以小火燜煮5分鐘，使豆腐稍微膨脹。

5　最後分次慢慢將太白粉水加入鍋中，使醬料勾芡並包覆於板豆腐，撒上蔥綠即可盛盤。

主廚叮嚀

＊ 板豆腐燒煮入味有兩種方法，一種是蓋上鍋蓋燜至豆腐脹大；另一種方式則是先將醬料與豆腐煮好後，放涼使其運用熱漲冷縮的方式，將外面醬料吸入豆腐內部，再次煮滾並勾芡。

＊ 也可以撒些細花椒粉、辣椒粉於料理上，加強香氣。

麻婆豆腐標準型態，
必須是成品依然是四方整齊
的豆腐塊狀。

老皮嫩肉

豆腐先燙熟原因，因炸豆腐油溫甚高，可避免內部中心溫度不夠。

🍴 材料

食材

雞蛋豆腐（或芙蓉蛋豆腐）	220g
靑蔥（去根部與老葉）	30g
紅辣椒（去蒂頭與籽）	30g

調味料

油潑辣子醬	5g
拌麵醬油	30g
鰹魚昆布高湯	30g

主廚叮嚀

※ 如不吃辣者，可省略油潑辣子醬，改成芝麻香油提香卽可。

※ 醬料變化版：可用80g和風鰹魚醬油（P.61）和5g油潑辣子醬（P.34）拌勻替換。

※ 老皮嫩肉意指表面老化，內部卻是軟嫩多汁。這裡使用拌麵醬油的鹹度，搭配少許油潑辣子醬的香辣，能促進食慾與菜品香氣。

🍽 作法

前置準備

1 雞蛋豆腐切3公分方塊；青蔥切蔥花；紅辣椒切細末；調味料攪拌均勻爲醬料，備用。

烹調組合

2 雞蛋豆腐放入滾水後熄火，悶泡3分鐘卽撈起瀝乾。

3 起一油鍋（油量需覆蓋豆腐），油溫加熱至180℃，將豆腐放入油鍋中，炸至表面均勻上色後瀝油，盛盤。

4 將拌勻的醬料淋於豆腐上，撒上蔥花、辣椒末卽可。

 油潑辣子醬 P.34

 拌麵醬油 P.61

 鰹魚昆布高湯 P.66

蛋豆類　　　食用量 3～4人

揚出豆腐

醬料＆高湯

和風鰹魚醬油 P.61
鰹魚昆布高湯 P.66

材料

食材A
雞蛋豆腐	1盒（300g）
薑	10g
海苔絲	5g

食材B
低筋麵粉	15g
雞蛋液	2個（100g）
細柴魚片	50g

調味料
和風鰹魚醬油	100g
鰹魚昆布高湯	100g

作法

前置準備

1　雞蛋豆腐切6等份的塊狀，依此順序均勻沾裹麵粉、雞蛋液、細柴魚片；薑切末，備用。

烹調組合

2　起一油鍋（油量需覆蓋豆腐），油溫加熱至180℃，將豆腐放入油鍋中，炸至表面上色後撈起瀝油，盛盤

3　調味料與薑末用小火煮滾，煮出薑香味，攪拌均勻後淋於豆腐上，撒上海苔絲即可。

主廚叮嚀

＊ 醬汁也可加入白蘿蔔泥，增加香氣。

揚出豆腐是日式基礎料理之一，可以運用簡單的烹調方式，搭配這款方便醬呈現料理特色。

蛋豆類　　　食用量 3～4人

酸辣涼粉

醬料 & 高湯

老醋酸甜醬 P.36

油潑辣子醬 P.34

拌麵醬油 P.61

🏺 材料

食材

青蔥（去根部與老葉）	50g
蒜頭（去膜）	50g
紅辣椒（去蒂頭與籽）	30g
香菜（去梗與老葉）	20g
熟油花生	50g
熟白芝麻	30g

涼粉料

綠豆粉（或純地瓜粉）	68g
水	625g

醬料

老醋酸甜醬	80g
油潑辣子醬	50g
拌麵醬油	80g

🍴 作法

前置準備

1 青蔥切蔥花；蒜頭、紅辣椒、香菜分別切末；熟油花生一半拍碎，備用。

2 全部醬料於調理盆混合拌勻。

烹調組合

3 涼粉料的綠豆粉加入125g的水攪拌均勻，並以細篩網過濾為粉水備用。

4 另起一鍋，加入剩餘的500g水，以中火煮滾，將粉水一邊攪拌一邊慢慢加入滾水中，避免黏鍋需要持續不間斷攪拌。

5 開始產生結塊之後，轉小火繼續不斷攪拌直到變成透明的糊狀，並且冒大泡泡就是熟了，熄火。

接續下一頁 ▶▶

烹調組合

6 將粉糊倒入鋪保鮮膜的長方形盤中，用刮刀抹勻後放涼至凝固。

7 倒扣脫膜後撕除保鮮膜，切寬1公分、高1、長5公分條狀，再過一下冰開水即為自製涼粉。

8 作法2醬料和涼粉混合拌勻，盛盤，撒上蔥花、蒜末、辣椒、香菜、熟花生碎和熟白芝麻即可。

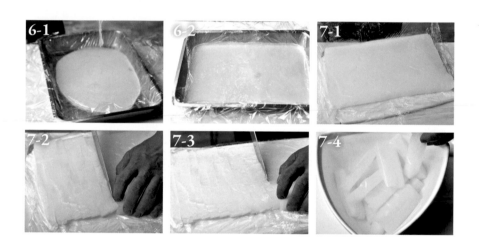

主廚叮嚀

* 可以在模具上隔一層保鮮膜，再倒入粉糊，可以藉由保鮮膜隔層，使其更好脫膜。

* 若想更快速完成這道料理，涼粉也有現成製品可以購得。有乾燥的涼粉片（有些人會用寬冬粉代替）泡軟化後，過一下熱水至熟透後，再放入冰開水冰鎮，即可和這道醬料拌勻。

* 綠豆粉如不方便買到，可以用純地瓜粉代替。

 蔬食　食用量 3～4人

日式炒牛蒡

肉絲可運用
低溫過油方式，
更軟嫩又多汁。

🍴 材料

食材
牛蒡（去皮） ────── 400g
紅辣椒（去蒂頭與籽） ── 30g
豬梅花肉 ──────── 50g
熟白芝麻 ──────── 10g

醃料
日式風味鰹魚醬 ──── 20g
白胡椒粉 ───────── 1g
米酒 ────────── 20g
雞蛋液 ───────── 20g
太白粉 ───────── 10g
水 ─────────── 30g

醬料
日式風味鰹魚醬 ──── 75g

勾芡汁
太白粉水 ──────── 15g
（粉5g、水10g拌勻）

🍽 作法

 日式風味鰹魚醬
P.46

前置準備

1 牛蒡、紅辣椒切寬0.2、長5公分細絲，牛蒡可泡水備用。

2 豬梅花肉切寬0.5、長4公分條狀，與醃料拌勻，醃製至少30分鐘。

烹調組合

3 醃製的肉條放入滾水，以大火煮30秒使表面收縮的半熟狀態，撈起備用。

4 起一乾鍋，加入30g沙拉油，以小火炒香牛蒡絲與辣椒絲，再放入肉條、日式風味鰹魚醬，炒勻且肉熟。

5 接著倒入太白粉水勾芡至醬料包覆於食材上，最後撒上熟白芝麻即可。

主廚叮嚀

＊ 這道料理可省略勾芡呈現，只要炒到醬料收汁即可。

＊ 牛蒡容易因接觸空氣而氧化，故從削皮到切絲，皆需泡水隔絕空氣，使其保持潔白。

蔬食　　　食用量 3～4人

油潑辣炒筍

材料

食材A
鮮筍筍肉 ———————— 400g
豬五花肉 ———————— 100g

食材B
青蔥（去根部與老葉）—— 50g
紅辣椒（去蒂頭與籽）—— 30g
薑 ————————————— 30g
蒜頭（去膜）—————— 50g
蝦皮 ———————————— 15g

調味料A
黑魯爆炒醬 —————— 45g
油潑辣子醬 —————— 30g
蒜蓉醬 ———————— 15g
家禽高湯 ——————— 100g

調味料B
芝麻香油 ————————— 15g

勾芡汁
太白粉水 ————————— 10g
（粉3g、水10g拌勻）

作法

前置準備

1　豬五花肉切寬1、長3公分條狀。

2　青蔥切3公分長段；紅辣椒、薑切菱形片；蒜頭切片，備用。

烹調組合

3　鮮筍筍肉放入冷水，以大火煮滾後轉小火，慢煮15～20分鐘，撈起後切薄片。

4　起一乾鍋，加入30g豬油（或沙拉油），以小火炒香豬五花肉，再炒香食材B，加入調味料A燜煮5分鐘。

5　接著倒入太白粉水勾芡至滾，最後加入芝麻香油即可盛盤。

主廚叮嚀

＊ 筍片先煮過，是為了讓烹調更快速並且減少筍發生苦味。

＊ 筍子可以挑當季的鮮筍，並且切片時需逆紋切，減少纖維過粗的狀況而影響口感。

＊ 添加蒜蓉醬，可以省略生蒜頭炒香的步驟。

醬料＆高湯

黑魯爆炒醬 P.32　　油潑辣子醬 P.34　　蒜蓉醬 P.37　　家禽高湯 P.67

蔬食　　食用量 3～4人

魚香茄盒

材料

食材 A

豬絞肉	100g
茄子（去蒂頭）	400g
荸薺（去殼取肉）	30g
黑木耳	50g
青蔥（去根部與老葉）	30g
青花椰菜（去梗留尾端）	30g

食材 B

薑	50g
蒜頭（去膜）	50g
紅辣椒（去蒂頭與籽）	30g

茄盒炸粉料

太白粉（或低筋麵粉）	100g

調味料

辣椒醬	45g
五味醬	30g
家禽高湯	150g
白胡椒粉	1g

勾芡汁

太白粉水	15g（粉5g、水10g）

```
─────────── 醬料＆高湯 ───────────

  五味醬 P.42        家禽高湯 P.67
```

作法

前置準備

1. 茄子切7～8公分長段，再修整成四方柱體，茄子表面沾少許水後立刻沾裹太白粉，沾至乾爽備用。

2. 薑、蒜頭、紅辣椒切末；荸薺肉與黑木耳切細丁；青蔥切蔥花；青花椰菜切小朵，備用。

烹調組合

3. 沾粉的茄子放入油溫170°C的油鍋，炸至表面金黃酥脆，撈起後整齊堆疊於盤中。

4. 青花椰菜放入滾水，以大火汆燙3分鐘後撈起備用。

5. 起一乾鍋，加入30g沙拉油，以小火炒香豬絞肉、荸薺和黑木耳，再炒香食材B、辣椒醬，炒出紅潤色澤。

6. 接著加入其他調味料炒勻，倒入太白粉水勾芡至滾，再淋於茄子上，撒上蔥花，盤邊放青花椰菜點綴即可。

主廚叮嚀

* 辣椒醬、醬料與高湯的比例，可依個人鹹淡口味調整。
* 這道示範比較簡單的茄盒版本，若要嘗試標準茄子包裹餡料的版本，則餡料可以參考紅油抄手的內餡（P.226），用茄子盒包裹肉餡的型態油炸。
* 川菜的魚香屬於一種味型，富含許多辛香料，如燒魚的味道，本書運用五味醬快速營造複合炒香料的風味。

蝦醬空心菜

醬料 & 高湯

泰式蝦醬 P.53　二湯調味水 P.43　蝦高湯 P.71

材料

食材

空心菜（去根部與老葉）	300g
蒜頭（去膜）	50g
紅辣椒（去蒂頭與籽）	30g

調味料

泰式蝦醬	30g
蝦高湯	80g
二湯調味水	70g
米酒	30g

作法

前置準備

1　空心菜切4公分長段；蒜頭切片；紅辣椒切菱形片，備用。

烹調組合

2　起一乾鍋，加入30g豬油（或沙拉油），以小火炒香蒜片、辣椒片與泰式蝦醬。

3　再放入空心菜和高湯稍微翻炒，接著加入二湯調味水與米酒，轉大火快速翻炒約30秒至蔬菜熟即可。

主廚叮嚀

＊ 空心菜可以換成個人喜歡的蔬菜類。

豆酥高麗菜

🍴 材料

食材

高麗菜（去老葉與菜心）	300g
蒜頭（去膜）	50g
豆酥碎	120g

調味料

魚露風味醬	100g
辣椒醬	5g
細砂糖	15g

主廚叮嚀

＊ 加入辣椒醬目的，是為了增加紅潤油色，如
　無法吃辣者，可省略辣椒醬。

＊ 高麗菜可以換成個人喜歡的蔬菜類。

🍴 作法

前置準備

1　高麗菜剝成約3公分方片；蒜頭切末，備用。

烹調組合

2　取額外2000g水和1大匙鹽煮滾，再放入高
　　麗菜，持續大火沸騰狀態汆燙約1分鐘，撈起
　　後放入深盤，倒入加熱的魚露風味醬。

3　起一乾鍋，加入80g沙拉油，以小火炒香辣椒
　　醬、蒜末，接著炒香豆酥碎，再加入細砂糖
　　炒勻，即可淋於高麗菜上。

魚露風味醬
P.41

195

蔬食　　　食用量 3～4人

鮮炒時蔬

材料

食材A

蘆筍（去老化纖維）············· 300g
玉米筍 ································· 50g
紅甜椒（去籽去蒂頭）··········· 50g
黃甜椒（去籽去蒂頭）··········· 50g
鮮香菇 ······························ 30g

食材B

薑 ··································· 20g
蒜頭（去膜）······················ 30g
青蔥（去根部與老葉）··········· 30g

調味料

二湯調味水 ······················ 50g
家禽高湯 ························· 50g
紅蔥油 ······························ 10g
紹興酒 ······························ 10g

勾芡汁

太白粉 ······· 水10g（粉3g、水7g拌勻）

作法

 二湯調味水
P.43

 家禽高湯
P.67

前置準備

1　蘆筍、玉米筍斜切2～3公分長段；紅黃甜椒、薑切菱形片，備用。

2　蒜頭、鮮香菇切片；青蔥切3公分長段，備用。

烹調組合

3　全部食材A放入滾水，以大火汆燙1～2分鐘，撈起備用。

4　起一乾鍋，加入20g豬油（或沙拉油），炒香食材B，再加入二湯調味水、高湯煮滾，倒入太白粉水勾芡至滾。

5　汆燙好的蔬菜加入作法4鍋中，加入紅蔥油炒勻，沿著鍋邊淋入紹興酒即可。

主廚叮嚀

＊ 時蔬意指當令食材，可以換成其他蔬菜當主角。

和風拌洋蔥

醬料 & 高湯
和風生菜醬 P.62

材料

食材

白洋蔥（去膜）	100g
紫洋蔥（去膜）	100g
細柴魚片	10g
海苔絲	5g

調味料

和風生菜醬	100g

作法

前置準備

1　全部洋蔥依直紋切細絲，並用細小的飲用水沖洗約10分鐘，減少辛辣度。

2　再用冰開水冰鎮10分鐘，瀝乾水分。

烹調組合

3　洋蔥絲排入盤中，淋上和風生菜醬，撒上細柴魚片、海苔絲即可。

主廚叮嚀

※ 洋蔥與和風生菜醬實屬絕配，
　洋蔥也可換成其他蔬菜。

蔬食　　　　　食用量 3～4人

奶油焗白菜

醬料 & 高湯

白醬 P.57　　豚骨高湯 P.68

材料

食材

大白菜	300g
（去老葉與菜心）	
白洋蔥（去膜）	50g
火腿片	30g
蟹腿肉	50g
蝦仁	50g
玉米粒	50g
起司絲	100g

調味料

低筋麵粉	30g
豚骨高湯	150g
白醬	150g

作法

前置準備

1　大白菜剝成約5公分方片；洋蔥、火腿片切小丁，備用。

烹調組合

2　蟹腿肉與蝦仁放入滾水，以小火燜泡2分鐘使其熟成，撈起後瀝乾。

3　起一乾鍋，放入50g無鹽奶油，以小火炒香洋蔥、火腿片，再加入麵粉炒香，接著加入高湯、白醬調味。

4　放入大白菜、玉米粒，慢煮至濃稠，再放入蟹腿和蝦仁炒匀，熄火。

5　將作法4餡料盛入烤盅，鋪上起司絲，放入已預熱180℃的烤箱，烤10～15分鐘至上色即可。

2-1　2-2　3-1　3-2　3-3　4-1　4-2　5-1　5-2

主廚叮嚀

＊ 大白菜可以換成喜歡的蔬菜類，但建議以非綠色蔬菜為主，以免蔬菜顏色反黑。

＊ 烤箱因廠牌與功率不同，書中標示的烤溫與時間僅供參考，您可依家中電器設備酌量增減。

＊ 烤完後可在表面撒上海苔粉或洋香菜粉，增加色澤與香氣。

胡麻涼拌三絲

三絲意指三種以上蔬果切絲，
蔬果類別可以依個人喜好挑選。

材料

食材

茭白筍（去殼）	200g
小黃瓜	100g
紅蘿蔔（去皮）	50g
蒜頭（去膜）	30g
香菜（去梗與老葉）	3g

醬料

胡麻醬	50g

主廚叮嚀

＊ 醬料與材料的比例，可依個人口味調整，
　 也可添加少許油潑辣子醬（P.34）或麻辣醬
　 （P.33），增加香氣。

作法

胡麻醬
P.39

前置準備

1 茭白筍、小黃瓜、紅蘿蔔分別切寬0.2、長5
　　公分細絲；蒜頭切末，備用。

烹調組合

2 茭白筍絲、小黃瓜絲和紅蘿蔔絲放入滾水，
　　以大火汆燙20秒，撈起瀝乾，泡入冰開水冰
　　鎮備用。

3 瀝乾作法2蔬菜，與胡麻醬、蒜末拌勻後盛
　　盤，撒上香菜即可。

水果堅果優格沙拉

材料

食材

西洋芹（去根部與老葉）	100g
美生菜（去老葉與菜心）	50g
火龍果果肉	100g
鳳梨果肉	100g
熟腰果	30g
熟松子	5g
熟杏仁	30g
葡萄乾	30g

醬料

果香優格醬	200g

果香優格醬
P.63

作法

前置準備

1 西洋芹切約1公分方丁；火龍果果肉與鳳梨果肉切約1公分方丁，備用。

2 美生菜剝約3公分方片，放入冰開水冰鎮。

烹調組合

3 將美生菜瀝乾後放入一個深盤，放入其他食材和堅果，淋上果香優格醬即可。

主廚叮嚀

＊ 蔬果可換成喜歡的種類。

＊ 醬料也適合搭書中偏蔬果的和風生菜醬（P.62）。

蔬食　　　　　　　食用量 3～4人

泰式風味涼拌生菜

🍴 材料

食材

即食蟹味棒	6支（180g）
紫包心生菜（去老葉與菜心）	50g
美生菜（去老葉與菜心）	200g
白洋蔥（去膜）	25g
紫洋蔥（去膜）	25g
小番茄（去蒂頭）	50g
小黃瓜	50g
黃甜椒（去蒂頭與籽）	50g
青蔥（去根部與老葉）	50g
香菜（去梗與老葉）	30g

醬料

泰式涼拌醬	200g

🍽 作法

 泰式涼拌醬
P.63

前置準備

1 紫包心生菜、美生菜分別剝約3公分方片；全部洋蔥切細絲，一起放入冰開水冰鎮。

2 小番茄切片；小黃瓜、黃甜椒切菱形片；青蔥切蔥花；香菜切末，備用。

烹調組合

3 將作法1生菜瀝乾後鋪於盤中，放上小番茄、小黃瓜和黃甜椒，再排上蟹味棒。

4 淋上泰式涼拌醬，撒上蔥花與香菜末即可。

主廚叮嚀

＊ 蔬果類別與蟹味棒，可依個人喜好選購和搭配。

202

蔬食　　　　　　　　　　食用量 3～4人

酸辣涼拌青木瓜

醬料 & 高湯

泰式涼拌醬 P.63

材料

食材

青木瓜（去皮與籽）	200g
小番茄（去蒂頭）	50g
紅辣椒（去蒂頭與去籽）	50g
青蔥（去根部與老葉）	10g
蒜頭（去膜）	20g
蝦米（開陽）	15g
原味熟花生	40g

調味料

泰式涼拌醬	200g
新鮮檸檬汁	10g
泰式魚露	20g

作法

前置準備

1　青木瓜刨或切寬0.3、長5公分細絲，放入冰開水冰鎮。

2　小番茄一開3片；紅辣椒切寬0.3、長5公分細絲；青蔥切蔥花；蒜頭切末，備用。

烹調組合

3　蝦米放入滾水，以大火氽燙20秒即撈起瀝乾，放涼。

4　蝦米、蒜末與調味料拌勻，再剁細搗出味道，再加入瀝乾的木瓜絲、辣椒絲，拌勻後盛盤，撒上熟花生、蔥花即可。

主廚叮嚀

※ 青木瓜絲刨絲前可放入冰箱冷藏2小時，口感更佳。

涼拌寒天脆藻

完成的涼拌
最好30分鐘內食用完畢，
否則脆度會降低。

🍴 材料

食材A
寒天脆藻 200g
白洋蔥（去膜） 25g
紫洋蔥（去膜） 25g
小黃瓜 50g
紅辣椒（去蒂頭與籽） 30g

食材B
香菜（去梗與老葉） 3g
熟白芝麻 10g

醬料
果香和風醬 150g

果香和風醬
P.62

🍴 作法

前置準備

1 寒天脆藻剪或切適當長度，再泡入冰開水冰鎮；全部洋蔥、小黃瓜切細絲，一起泡入冰開水冰鎮，備用。

2 紅辣椒切細絲，用冰開水沖洗後瀝乾。

烹調組合

3 將食材A拌勻後盛盤，淋上果香和風醬，撒上香菜與熟白芝麻即可。

主廚叮嚀

＊ 脆藻由天然昆布或海藻類所製成，素食可食，外觀透明、口感脆爽，看起來像煮過的冬粉，以冰開水沖洗後即可食用。

＊ 寒天脆藻適合涼拌，製作冰品、甜品或當成麵條，再淋上醬料；比較不適合烤、炒、長時間高溫加熱。

麵飯主食　　　　食用量 2～3人

堅果青醬燉飯

米飯的軟硬度取決於泡米吸收程度，高湯煮米水量、燜煮火候和時間，可依個人喜好的軟硬度來調整。

材料

食材
義大利米（或白米） ⋯⋯⋯ 150g
去骨雞腿肉 ⋯⋯⋯⋯⋯⋯⋯ 100g
白洋蔥（去膜） ⋯⋯⋯⋯⋯ 100g

調味料 A
白酒 ⋯⋯⋯⋯⋯⋯⋯⋯⋯⋯⋯ 15g
家禽高湯 ⋯⋯⋯⋯⋯ 150～180g
帕瑪森起司 ⋯⋯⋯⋯⋯⋯⋯ 15g

調味料 B
堅果羅勒青醬 ⋯⋯⋯⋯⋯ 45g
鹽 ⋯⋯⋯⋯⋯⋯⋯⋯⋯⋯⋯⋯ 2g
雞粉 ⋯⋯⋯⋯⋯⋯⋯⋯⋯ 3～5g

作法

堅果羅勒青醬 P.58　家禽高湯 P.67

前置準備

1　義大利米洗淨後泡水約1小時。

2　雞腿肉切約3公分塊狀；洋蔥切約0.5公分小丁，備用。

烹調組合

3　鍋中加入20g無鹽奶油，以小火炒香洋蔥丁，再加入瀝乾的義大利米、雞腿肉和白酒，稍微拌炒。

4　接著倒入高湯拌勻，蓋上鍋蓋，以小火燜煮約20分鐘，再加入調味料B，拌煮約5分鐘，熄火後盛盤，刨上帕瑪森起司即可。

主廚叮嚀　＊ 肉品可以換成個人喜歡的食材。

＊ 帕瑪森起司用粉狀或新鮮刨絲皆適合。

巴東炒飯

🍴 材料

食材

白飯	200g
雞蛋液	2個 (100g)
肉絲 (豬或牛)	80g
白洋蔥 (去膜)	50g
青蔥 (去根部與老葉)	50g

調味料

巴東咖哩牛肉醬	45g
醬油	15g
雞粉	15g
白胡椒粉	2g
家禽高湯	30g

主廚叮嚀

＊ 高湯沿著鍋邊下，能快速產生醬香氣。

＊ 主食材的豬肉，可以選用喜愛的肉品與
　　部位。

> 醬料 & 高湯
>
> 巴東咖哩牛肉醬 P.50　　家禽高湯 P.67

🍴 作法

前置準備

1 洋蔥切約 0.5 公分小丁；青蔥切蔥花，備用。

烹調組合

2 起一乾鍋，加入50g豬油（或沙拉油），以
　　小火炒肉絲至表面上色後撈起。

3 接著將雞蛋液倒入作法2鍋中，以小火炒出蛋
　　香，再放入洋蔥繼續炒香，接著加入巴東咖
　　哩牛肉醬炒香。

4 再放入白飯，撥散後加入醬油、雞粉、白胡
　　椒粉，炒出醬香以及白飯粒粒分明。

5 接著於鍋邊淋入高湯，運用鍋邊溫度嗆出香
　　氣、增加水氣，炒香後即可盛盤。

炒米粉

🍴 材料

食材 A
乾米粉 ———————————— 100g
細冬粉 ———————————— 50g
豬五花肉（去皮）——————— 80g

食材 B
乾香菇絲 ———————————— 30g
蝦米（開陽）————————— 30g
高麗菜（去老葉與菜心）——— 50g
紅蘿蔔（去皮）——————— 30g
青蔥（去根部與老葉）——— 20g
香菜（去梗與老葉）———— 10g

調味料 A
古早味油蔥肉醬 ——————— 200g
醬油 ———————————— 30g
家禽高湯 ————————— 200g

調味料 B
烏醋 ————————————— 25g
紅蔥油（或芝麻香油）——— 20g

🍽 作法

前置準備

1 乾米粉、細冬粉先泡水至軟；乾香菇絲泡水至軟；蝦米洗淨後瀝乾水分，備用。

2 豬五花肉切寬1、長4公分條狀；高麗菜切寬2、長4公分片狀；紅蘿蔔切長度約4公分絲狀；青蔥切3公分長段，備用。

烹調組合

3 將米粉和冬粉瀝乾，放入蒸鍋或電鍋，以大火乾蒸，從蒸氣出現開始計算蒸5分鐘。

4 起一乾鍋，加入50g豬油（或沙拉油），以小火炒香豬肉、乾香菇、青蔥、蝦米、紅蘿蔔絲、高麗菜，再倒入古早味油蔥肉醬炒香。

5 沿著鍋邊淋入醬油，激發香氣，接著倒入高湯，蒸好的米粉和冬粉放於蔬菜料上，蓋上鍋蓋，以小火燜煮3～5分鐘。

6 將全部材料炒勻且炒至乾爽，沿著鍋邊淋入調味料B，拌炒均勻即可盛盤。

主廚叮嚀

＊ 加入冬粉可以增加不同口感，軟中還帶有Q彈。

＊ 雜貨商有現成的乾香菇絲，如無法購得，可用整朵乾香菇泡軟後切絲。

＊ 米粉可以選擇新竹炊粉或是埔里水粉皆可，不同米粉有不一樣口感，您都可試試看。

＊ 如要快速簡便，古早味油蔥肉醬可以取代由其他配料食材添加的油蔥、豬五花肉、豬油。

醬料 & 高湯

古早味油蔥肉醬 P.43　　家禽高湯 P.67

客家炒板條

醬料&高湯

古早味油蔥肉醬
P.43

🍴 材料

食材 A

粄條	200g
豬五花肉（去皮）	80g
綠韭菜（去根部與老葉）	80g
綠豆芽菜（去頭尾）	50g
雞蛋液	2個（100g）
香菜（去梗與老葉）	3g

食材 B

紅蘿蔔（去皮）	30g
乾香菇絲	30g
蝦米（開陽）	30g
蝦皮	10g
青蔥（去根部與老葉）	80g

調味料 A

古早味油蔥肉醬	200g
醬油	30g
細砂糖	5g
白胡椒粉	2g

調味料 B

烏醋	15g
紅蔥油（或芝麻香油）	15g

🍴 作法

前置準備

1　乾香菇絲泡水至軟；蝦米和蝦皮洗淨後瀝乾水分；如果有沾黏成團的粄條，則分開成一條一條，備用。

2　豬五花肉切寬1公分、長4公分條狀；紅蘿蔔切長度約4公分絲狀；綠韭菜、青蔥切3公分長段，備用。

烹調組合

3　起一油鍋，加入500g沙拉油，以大火加熱至180℃油溫，將雞蛋液透過濾網入油鍋，炸成蛋酥後撈起，鍋中留少許油，將粄條稍微煎炒過。

4　另起一乾鍋，加入50g豬油（或沙拉油），以小火炒香肉絲和食材B，再加入調味料A、煎過的粄條炒勻。

5　沿著鍋邊淋入醬油，激發香氣，接著加入蛋酥、綠韭菜與綠豆芽菜，將全部材料炒勻且炒至乾爽，最後倒入調味料B，炒勻後盛盤，放上香菜點綴即可。

主廚叮嚀

＊ 可以再加入各種喜歡的食材，例如：干貝、蝦仁等海鮮料。

＊ 粄條煎過也可以用熱水氽燙再瀝乾方式取代，但煎過的板條比較Q彈。

＊ 雜貨商有現成的乾香菇絲，如無法購得，可用整朵乾香菇泡軟後切絲。

可加古早味油蔥肉醬，
省略豬五花肉、油蔥等配料。

可以再添加各種喜好的食材，
例如：干貝、蝦仁等海鮮料。

麵飯主食　　　　　　食用量 3～4人

義大利肉醬麵

🍴 材料

食材 A
義大利直麵 —————————— 200g
青花椰菜（去梗留尾端）———— 50g

食材 B
豬絞肉（或牛絞肉）————— 80g
白洋蔥（去膜）—————————— 80g
蒜頭（去膜）—————————————— 50g
帕瑪森起司 —————————————— 10g
乾燥羅勒葉 ———————————————— 1g

調味料
黑胡椒醬 ———————————————— 15g
紅醬 ————————————————————— 60g
家禽高湯 —————————————— 200g
番茄醬 ————————————————————— 25g

主廚叮嚀

＊ 帕瑪森起司可用粉狀或新鮮刨絲。

＊ 紅色澤不夠，可以再加入適量番茄醬。

＊ 醬料濃稠度和濕潤度以個人喜好為主，可
　適當調整高湯水量。

＊ 汆燙義大利麵以九成熟為佳，入鍋和其
　他食材拌煮將會使義大利麵達到十成熟
　度，如喜歡軟一點或硬一點將以烹煮時
　間增減。

🍴 作法

前置準備

1　青花椰菜切小朵；洋蔥切0.5公分小丁；蒜頭
　　切末，備用。

烹調組合

2　將額外的1000g水、2小匙鹽倒入深鍋煮滾，
　　放入義大利麵，以中火煮約9分鐘，撈起。

3　青花椰菜放入滾水，以大火汆燙3分鐘後撈起
　　備用。

4　起一乾鍋，加入50g橄欖油，以小火炒香豬
　　絞肉、洋蔥和蒜末，加入全部調味料炒香。

5　接著放入麵條，以小火燜煮至醬料濃稠並且
　　收汁，盛盤並排上花椰菜，刨上帕瑪森起
　　司，撒上羅勒葉即可。

醬料 & 高湯

黑胡椒醬 P.30

紅醬 P.56

家禽高湯 P.67

芝士大蝦意麵

白醬 P.57　　豚骨高湯 P.68

材料

食材

港式伊麵	1餅（100g）
帶殼大草蝦	4隻（250g）
青花椰菜（去梗留尾端）	50g
青蔥（去根部與老葉）	30g
白洋蔥（去膜）	50g
蒜頭（去膜）	30g
起司片	50g

調味料

白醬	100g
豚骨高湯	100g
牛奶	50g
黑胡椒粒	2g
鹽	2g

勾茨汁

太白粉水	12g（粉8g、水4g）

主廚叮嚀

＊ 太白粉水可換成麵粉水，更有香氣。

＊ 蝦煎過有香氣加乘的堆疊，蝦可以選擇喜好的品種和尺寸，更能添加各種喜歡的食材，例如：干貝等海鮮。

＊ 可以將起司絲撒上，進入烤箱焗烤，更是一番風味。

作法

前置準備

1. 大草蝦剪鬚並去除蝦身殼，剪開背部至一半深度，挑除腸與沙筋。

2. 青花椰菜切小朵；青蔥切3公分長段；洋蔥切0.3公分小丁；蒜頭切末，備用。

烹調組合

3. 港式伊麵放入滾水或高湯，以大火煮1分鐘，撈起後盛盤。

4. 起一乾鍋，加入5g沙拉油，大草蝦放於鍋中，以中小火煎上色後撈起備用。

5. 再於鍋中加入80g無鹽奶油，以小火熔化，炒香洋蔥、青蔥、蒜末，再加入全部調味料、起司片炒勻，確認調味鹹淡，再轉中火煮滾。

6. 大草蝦倒入作法5鍋中煮熟，接著加入太白粉水勾茨至滾，將大草蝦夾起排於伊麵上，再淋上醬料即可。

港式伊麵是粵菜的廣炒麵主食材，
在專業餐飲供應雜貨商可以買到，
也可以用黃油麵取代。

青醬蛤蜊
義大利麵

麵條煮的時間，依個人喜好軟硬度來調整。

材料

食材 A

義大利直麵	200g
白洋蔥（去膜）	50g
蒜頭（去膜）	50g
蛤蜊	120g

食材 B

熟腰果	50g
乾燥羅勒葉	1g

調味料 A

家禽高湯	200g
黑胡椒粒	1g
雞粉	15g

調味料 B

堅果羅勒青醬	60g
帕瑪森起司	15g

作法

 堅果羅勒青醬 P.58　　 家禽高湯 P.67

前置準備

1 洋蔥切0.3公分小丁；蒜頭切末；蛤蜊吐沙並洗淨，備用。

烹調組合

2 將額外的1000g水、2小匙鹽倒入深鍋煮滾，放入義大利麵，以中火煮約9分鐘，撈起。

3 鍋中加入30g橄欖油和30g無鹽奶油，以小火熔化，炒香洋蔥與蒜末，再加入蛤蜊、調味料A煮滾，接著加入麵條，轉中小火燜煮2分鐘。

4 最後倒入堅果羅勒青醬拌勻，煮至濃稠收汁，盛盤後刨上帕瑪森起司，撒上食材B即可。

主廚叮嚀

＊ 蛤蜊可放入1.5～2%鹹度的鹽水，使其吐沙。

＊ 此為基礎配料版，可依個人喜好延伸添加，例如：中卷、干貝、雞肉等主食材。

麵飯主食　　　　　　食用量 3～4人

巴東風味湯麵

🍴 材料

食材 A
白乾麵 ───────────── 200g
牛絞肉 ───────────── 80g
牛肉火鍋肉片 ────────── 100g
香菜（去梗與老葉）─────── 3g

食材 B
白洋蔥（去膜）──────── 50g
蒜頭（去膜）──────── 30g
紅蔥頭（去膜）──────── 30g

調味料 A
巴東咖哩牛肉醬 ────── 200g
家禽高湯 ───────── 300g
白胡椒粉 ─────────── 5g
椰漿 ───────────── 100g

調味料 B
芝麻香油 ─────────── 5g

🍴 作法

 巴東咖哩牛肉醬
P.50

 家禽高湯
P.67

前置準備

1 洋蔥切0.3公分小丁；蒜頭、紅蔥頭切末，備用。

烹調組合

2 白乾麵放入滾水，中火煮2～3分鐘至熱，撈起後盛入湯碗。

3 鍋中倒入50g沙拉油，以小火炒香牛絞肉，放入食材B、巴東咖哩牛肉醬炒香，再加入其他調味料A煮勻，確認鹹淡後轉中火煮滾。

4 接著加入火鍋肉片煮熟，倒入芝麻香油煮一下，就可倒入作法2湯碗中，撒上香菜點綴。

主廚叮嚀

＊ 若不吃牛肉，可以換成其他肉品。

＊ 配料可以選擇個人喜好的食材種類，例如：干貝、蝦仁等海鮮。

蒜香酸辣
海鮮義大利麵

🍴 材料

食材A

義大利直麵	200g
蝦仁	80g
中卷（去除內臟）	80g
蛤蜊	80g
鮮干貝	80g

食材B

白洋蔥（去膜）	80g
紅辣椒（去蒂頭與籽）	50g
蒜頭（去膜）	100g
羅勒葉（去梗與老葉）	3g

調味料

泰式酸辣紅醬	150g
蝦高湯	150g
黑胡椒粒	2g
雞粉	2g
匈牙利紅椒粉	5g

主廚叮嚀

＊ 蛤蜊可放入1.5～2%鹹度的鹽水，
　使其吐沙。

＊ 羅勒葉在此為點綴用途，可換成
　青蔥、洋香菜或香菜。

🍴 作法

前置準備

1 中卷切厚度1公分環切片；蛤蜊吐沙並洗淨，備用。

2 洋蔥、紅辣椒切0.3公分小丁；蒜頭切末，備用。

烹調組合

3 將額外的1000g水、2小匙鹽倒入深鍋煮滾，放入義大利麵，以中火煮約9分鐘，撈起。

4 中卷、蝦仁放入滾水，以大火汆燙30秒即撈起。

5 取一半的蒜末先放入油溫120°C的油鍋，再以中火恆溫170°C油炸，炸至減少細泡並表面呈淡黃色即撈起為蒜頭酥。

6 起一乾鍋，加入30g橄欖油和30g無鹽奶油，以小火熔化，煎干貝至兩面煎金黃後取出。

7 運用鍋內餘油，以小火炒香洋蔥、辣椒、蒜末和泰式酸辣紅醬，加入其他調味料、蛤蜊煮滾，再加入麵條，以中小火燜煮2分鐘。

8 接著加入中卷、蝦仁和鮮干貝拌勻，煮至醬料濃稠收汁，盛盤後撒上蒜頭酥，點綴羅勒葉即可。

醬料 & 高湯

泰式酸辣紅醬 P.52　　蝦高湯 P.71

胡麻涼麵

若胡麻醬料調製後很濃稠，
可加些冰開水混合，
吃起來更會爽口。

🍴 材料

食材

雞蛋麵	200g
小黃瓜	50g
紅甜椒（去蒂頭與籽）	30g
蛋皮	50g→P.172
海苔絲	15g
熟白芝麻	15g

醬料

胡麻醬	70g
和風鰹魚醬油	30g

主廚叮嚀

＊ 麵條可以換成喜歡的麵類，煮麵的時間請參考
　 麵條外包裝，不同廠牌麵條的烹煮時間稍有差
　 異，而麵條軟硬度可依個人喜好增減時間。

🍴 作法

前置準備

1　小黃瓜、紅甜椒切寬度0.3公分、長4公分
　　絲狀，並放入冰開水冰鎮。

2　蛋皮切寬0.3公分、長4公分絲狀。

烹調組合

3　將額外的1000g水、2小匙鹽倒入深鍋煮
　　滾，放入雞蛋麵，以中火煮3〜5分鐘至
　　熟，撈起並放入冰開水冷卻。

4　瀝乾的麵條放入深湯碗，淋上胡麻醬、和
　　風鰹魚醬油，撒上白芝麻，排上小黃瓜
　　絲、紅甜椒絲、蛋絲和海苔絲。

 胡麻醬
P.39

 和風鰹魚醬油
P.61

麵飯主食　　食用量 2〜3人

日式涼麵

材料

食材
蕎麥麵 ⟶ 250g
溏心蛋 ⟶ 1個→P.181
青蔥（去根部與老葉）⟶ 40g
蛋皮 ⟶ 30g→P.172
海苔絲 ⟶ 15g

醬料
和風鰹魚醬油 ⟶ 140g

作法

和風鰹魚醬油
P.61

前置準備

1 青蔥切蔥花；蛋皮切寬0.3公分、長4公分絲狀，備用。

烹調組合

2 將額外的1000g水、2小匙鹽倒入深鍋煮滾，放入蕎麥麵，以中火煮3〜5分鐘至熟，撈起後放入冰開水冷卻。

3 瀝乾的麵條放入深湯碗，放上溏心蛋，淋上和風鰹魚醬油，排上蛋皮絲，撒上蔥花、海苔絲即可。

主廚叮嚀

＊ 點綴用途的蔥花，用冰開水沖洗去除黏液，可減少生蔥的嗆辣；若不介意，也可省略此步驟。

醬料與麵條的比例，
可依個人鹹淡口味調整。

成都燃麵

燃麵的來源有許多說法，有人說麵條裹了一層油，就像燃油的燈蕊一樣；
也有些人說因爲太辣，吃下後彷彿嘴巴要燃火般；
更有人說燃麵因爲乾香裹了紅油，好像用火就能點燃似，
衆所解釋皆代表麵條混合紅火的辣油，賦予川菜香辣香氣與口味。

🥄 材料

食材

白乾麵	150g
青蔥（去根部與老葉）	20g
香菜（去梗與老葉）	3g
蒜頭（去膜）	30g
熟白芝麻	15g
熟花生碎	15g

調味料

油潑辣子醬	50g
拌麵醬油	50g
家禽高湯	30g
辣椒粉	3～5g
烏醋	15g
芝麻香油	5g

🍴 作法

 油潑辣子醬 P.34　 拌麵醬油 P.61　 家禽高湯 P.67

前置準備

1　青蔥切蔥花；香菜、蒜頭切末，備用。

2　全部調味料和蒜末放入湯碗中，攪拌均勻。

烹調組合

3　將額外的1000g水、2小匙鹽倒入深鍋煮滾，放入白乾麵，以中火煮約3分鐘至熟，撈起後放入作法2湯碗中，拌勻。

4　將燙熟的麵條放入湯碗中，撒上青蔥、香菜、熟白芝麻和花生碎即可。

主廚叮嚀

＊ 白乾麵煮好後先撈起放入涼開水冰鎮，可減少黏稠感，瀝乾水分再盛入湯碗中。

＊ 傳統燃麵還加四川芽菜，但臺灣不好買，如購得便可添加風味。

蝦醬拌麵

🍴 材料

食材

白乾麵	200g
火鍋肉片（豬或牛）	80g
白蝦	3尾（60g）
小番茄	30g
青蔥（去根部與老葉）	30g
香菜（去梗與老葉）	3g

調味料

泰式蝦醬	60g
拌麵醬油	20g
蝦高湯	30g
芝麻香油	15g

主廚叮嚀

＊ 麵煮熟的時間請參考麵條包裝說明，麵條也可換成喜歡的種類，不同麵體有不一樣的口感。

🍴 作法

 泰式蝦醬 P.53　 拌麵醬油 P.61　 蝦高湯 P.71

前置準備

1 小番茄切寬0.5公分片狀；青蔥切蔥花；白蝦洗淨後挑除腸泥，備用。

2 全部調味料放入湯碗中，攪拌均勻。

烹調組合

3 白蝦放入滾水，蓋上鍋蓋，熄火悶泡2〜3分鐘即撈起；火鍋肉片放入另一鍋滾水，以大火汆燙1分鐘至熟撈起，備用。

4 將額外的1000g水、2小匙鹽倒入深鍋煮滾，放入白乾麵，以中火煮約3分鐘至熟，撈起後放入作法2湯碗中，拌勻。

5 排上燙熟的火鍋肉片、番茄片、白蝦、蔥花以及香菜即可。

麵飯主食 　 食用量 2～3人

重慶小麵

材料

食材 A

白乾麵（或黃麵）	150g
豬絞肉	100g
綠韭菜（去根部與老葉）	50g
青蔥（去根部與老葉）	20g
蒜頭（去膜）	30g
冬菜	10g

食材 B

熟白芝麻	15g
花生粉	10g

肉醬調味料

豬油	30g
辣椒醬	15g
甜麵豆瓣醬	15g
家禽高湯	50g
細砂糖	15g
白胡椒粉	2g
芝麻香油	10g

蒜水

蒜頭（去膜）	20g
涼開水	40g

拌麵調味料

拌麵醬油	20g
麻辣醬	40g
肉醬	100g
烏醋	35g
白胡椒粉	2g
家禽高湯	100g
芝麻香油	5g

作法

前置準備

1　綠韭菜切 4 公分長段；青蔥切蔥花；蒜頭、冬菜切末，備用。

2　製作蒜水：蒜頭與涼開水放入調理機，攪打成細泥。

3　將拌麵調味料、蒜水放入湯碗中拌勻。

烹調組合

4　製作肉醬：乾鍋中加入豬油，以小火炒香豬絞肉、冬菜末和蒜末，放入辣椒醬、甜麵豆瓣醬炒香。

5　再加入高湯、細砂糖和白胡椒粉煮滾，繼續煮3～5分鐘，再加入芝麻香油拌勻即爲肉醬，再倒入作法3湯碗中。

6　綠韭菜放入滾水，以大火汆燙30秒至熟，撈起瀝乾後放入作法3湯碗中。

7　將白乾麵放入滾水，以大火煮約3分鐘至熟，撈起瀝乾後放入湯碗中，撒上蔥花、熟白芝麻與花生粉，食用時拌勻即可。

主廚叮嚀

＊ 麵條可以選擇個人喜歡的種類。

＊ 麻辣醬爲辣度及香氣來源，可因個人辣度飲食習慣而調整。

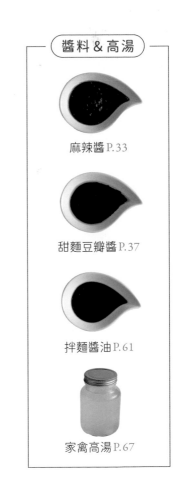

醬料 & 高湯

麻辣醬 P.33

甜麵豆瓣醬 P.37

拌麵醬油 P.61

家禽高湯 P.67

麵飯主食　　食用量 3～4人

紅油抄手

主廚叮嚀

＊ 四川稱餛飩爲抄手，當地的烹調方法是將鮮肉餛飩煮熟後，另外盛入以辣油爲主的醬料中食用。

🍴 材料

食材
餛飩皮	300g
熟花生碎	20g
靑蔥（去根部與老葉）	35g
紅辣椒（去蒂頭與籽）	20g
薑	15g
蒜頭（去膜）	15g

肉餡料
豬梅花絞肉	300g
（瘦7：肥3）	
鹽	2g
雞粉	2g
白胡椒粉	2g
醬油	5g
芝麻香油	5g

蔥薑水
靑蔥段	15g
薑末	15g
豚骨高湯	30g

調味料
麻辣醬	15g
油潑辣子醬	30g
蒜泥	15g
芝麻香油	15g
淡色醬油	30g
烏醋	30g
細砂糖	10g
芝麻醬	8g
花生粉	5g

🍽 作法

前置準備

1 靑蔥切蔥花；紅辣椒、薑、蒜頭分別切末；調味料攪拌均勻卽爲抄手醬，備用。

2 蔥薑水材料用調理機攪打成汁，取蔥薑水和全部肉餡料放入調理機攪打均勻，備用。

烹調組合

3 每片餛飩皮包裹適量肉餡，捏合後卽爲餛飩，再放入滾水，以大火煮約1分40秒至熟成，撈起後盛盤。

4 淋上抄手醬，再撒上花生碎、蔥花、辣椒、薑和蒜末卽可。

麻辣醬
P.33

油潑辣子醬
P.34

豚骨高湯
P.68

麵飯主食

XO醬 炒蘿蔔糕

食用量 3～4人

材料

食材
蘿蔔糕	300g→P.228
綠豆芽菜（去頭尾）	50g
韭黃	50g
青蔥（去根部與老葉）	30g
香菜（去梗與老葉）	3g
低筋麵粉	30g

調味料A
XO干貝醬	30g
家禽高湯	50g
醬油	15g
雞粉	5g
細砂糖	5g
白胡椒粉	2g

調味料B
紹興酒	20g
芝麻香油	5g

作法

 XO干貝醬 P.44　 家禽高湯 P.67

前置準備

1　韭黃、青蔥分別切4公分長段。

2　蘿蔔糕切寬2、高2、長5公分的條狀，表面均勻沾裹低筋麵粉備用。

烹調組合

3　沾粉的蘿蔔糕放入油溫170℃的油鍋，炸3分鐘至上色，撈起瀝油。

4　鍋中加入30g豬油（或沙拉油），以小火炒香蔥段、XO干貝醬。

5　再倒入調味料A、韭黃、黃豆芽菜和蘿蔔糕，拌勻煮滾，淋上紹興酒、芝麻香油即可盛盤。

主廚叮嚀

＊ 蘿蔔糕尺寸可依個人需要決定。

＊ 調味料與材料的比例，可依個人鹹淡口味調整。

＊ 也可將醬汁與蔬菜料煮滾後，稍微勾芡再下蘿蔔糕，拌勻收汁即可出餐。

港式蘿蔔糕

主廚叮嚀

＊ 臘腸如不易購得，可以用香腸代替。

＊ 澄粉屬於無筋性小麥澱粉，可於南北雜貨店或超市買到。

＊ 蘿蔔糕的軟硬度取決於水與粉的比例，可以依個人喜好微調。

材料

蘿蔔糕粉漿

在來米粉	80g
澄粉	30g
水	150g
蝦米（開陽）	20g
臘腸	50g
紅蔥頭（去膜）	40g
白蘿蔔（去皮）	500g
家禽高湯	250g

調味料

鹽	2g
雞粉	3g
白胡椒粉	2g
細砂糖	5g

醬料

蒜泥沾醬	50g

作法

前置準備

1 在來米粉、澄粉與水攪拌均勻為粉漿。

2 蝦米洗淨後剁0.5公分粒狀；臘腸切0.5公分粒狀；紅蔥頭剁細；白蘿蔔刨成寬度0.5公分細絲，備用。

烹調組合

3 起一乾鍋，加入100g沙拉油，將紅蔥頭以80℃油溫油炸，轉大火將油溫升高，維持170℃油溫，炸至金黃後濾除炸油。

4 鍋中再加入20g豬油，以小火炒香臘腸、蝦米，再加入蘿蔔絲、調味料與高湯，煮至白蘿蔔熟透，將作法1粉漿加入，繼續小火拌炒均勻至滾，熄火。

5 蘿蔔糕粉漿盛入長方形模（或磅蛋糕模），表面抹平待冷卻，再依需要尺寸分切（厚度及大小依個人喜好）。

6 起一乾鍋，放入少許沙拉油，將分切好的蘿蔔糕放入鍋中，煎至兩面金黃盛起，搭配蒜泥沾醬即可。

醬料＆高湯

蒜泥沾醬 P.59

家禽高湯 P.67

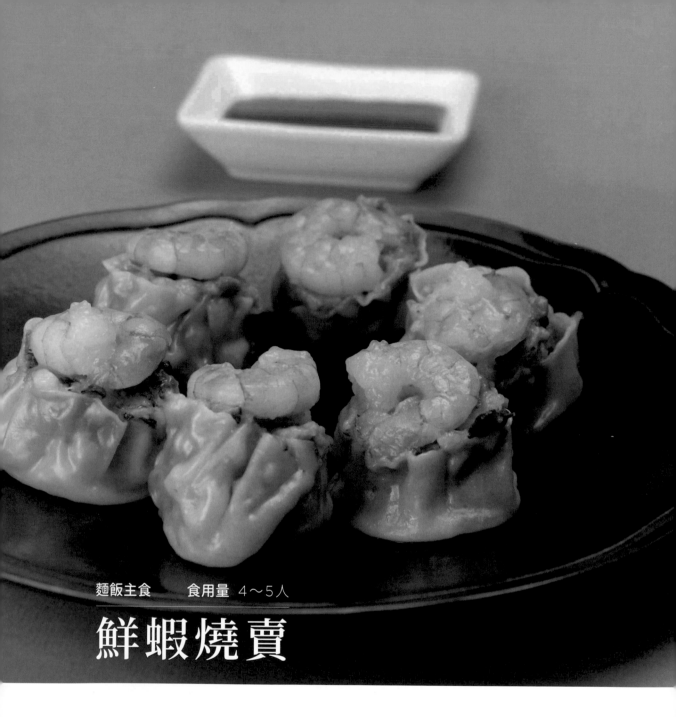

麵飯主食　　食用量 4～5人

鮮蝦燒賣

主廚叮嚀

＊ 蒸之前先用噴水器均勻噴水，避免表面過於乾燥。

＊ 若無法買到大白皮，就用薄一點的水餃皮代替。

＊ 蒜泥沾醬可換成蒜蓉醬（P.37）或海山辣椒醬（P.60）。

＊ 每個燒賣內餡重量大約25g ～ 30g，燒賣成品大小依個人喜好決定。

＊ 也可準備燒賣的小鋁杯盛裝，避免燒賣皮黏著蒸鍋而不方便拿取。

材料

食材 A

大白皮（或黃燒賣皮）	15片
蝦仁	30尾（300g）
青蔥（去根部與老葉）	15g

食材 B

胛心豬絞肉	150g
豬板油（攪碎）	150g
蝦仁	150g
乾香菇	30g

調味料

鹽	5g
太白粉	2g
白胡椒粉	1g
雞粉	10g
細砂糖	5g
紹興酒	30g
米酒	20g
芝麻香油	15g

醬料

蒜泥沾醬	100g

作法

前置準備

1　蝦仁洗淨，用紙巾擦去多餘的水分，留15尾蝦仁做後續裝飾，其餘蝦仁切小丁。

2　乾香菇泡水至軟，擠乾後切細丁；青蔥切蔥花，備用。

3　將作法1切小丁的蝦仁放入調理盆，加入食材B、調味料混合，攪拌至有黏性為止。

4　再加入蔥花拌勻即肉餡，若覺得餡料有點軟，可放入冰箱冷凍10分鐘再使用。

烹調組合

5　每片大白皮包入25g～30g肉餡，虎口向上、邊壓餡緊實邊將皮往上捏緊。

6　放上裝飾用的蝦仁，再排入鋪蒸籠紙的平盤。

7　起一蒸鍋或電鍋，放入包好的燒賣，以大火蒸約7～9分鐘至熟即可取出，食用時搭配蒜泥沾醬即可。

醬料＆高湯

蒜泥沾醬 P.59

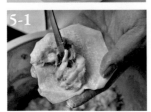

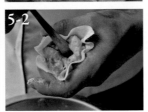

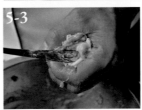

麵飯主食　　　　　食用量 3～4人

青醬鮮蝦披薩

材料

食材
蝦仁	120g
白洋蔥（去膜）	30g
紫洋蔥（去膜）	30g
小番茄（去蒂頭）	100g
九層塔（去梗與老葉）	5g
起司絲	150g

披薩皮
高筋麵粉	100g
低筋麵粉	25g
酵母粉	2g
溫水	63g
蒜頭橄欖油	15g

調味料
堅果羅勒青醬	180g
黑胡椒粒	5g
義大利綜合香料	5g
洋香菜末（巴西里末）	3g

作法

前置準備

1 蝦仁洗淨，用紙巾擦去多餘的水分。

2 全部洋蔥切絲；小番茄切圈，備用。

3 製作披薩皮：全部材料倒入調理盆混合拌勻，揉成不黏手團狀，收口朝下靜置30分鐘。

烹調組合

4 蝦仁放入滾水，以大火汆燙30秒，撈起冰鎮，再與全部調味料拌勻。

5 將麵團平均擀薄後放於烤盤，先鋪上作法4的蝦仁青醬餡，依序放上洋蔥、小番茄、九層塔，再撒上起司絲。

6 烤箱以200℃預熱，將鋪好餡的披薩放入烤箱，烤約10分鐘至上色且熟即可取出。

醬料 & 高湯

堅果羅勒青醬 P.58

主廚叮嚀

＊ 也可用墨西哥餅皮或無添加豬油的蛋餅皮代替披薩皮。

＊ 青醬與蝦仁比例，依個人鹹淡口味調整。

＊ 帶皮蒜頭放入120～150℃中溫油橄欖油稍微炸過並油泡，即為蒜頭橄欖油。

五味八珍的餐桌
—— 品牌故事 ——

60 年前，傅培梅老師在電視上，示範著一道道的美食，引領著全台的家庭主婦們，第二天就能在自己家的餐桌上，端出能滿足全家人味蕾的一餐，可以說是那個時代，很多人對「家」的記憶，對自己「母親味道」的記憶。

程安琪老師，傳承了母親對烹飪教學的熱忱，年近 70 的她，仍然為滿足學生們對照顧家人胃口與讓小孩吃得好的心願，幾乎每天都忙於教學，跟大家分享她的烹飪心得與技巧。

安琪老師認為：烹飪技巧與味道，在烹飪上同樣重要，加上現代人生活忙碌，能花在廚房裡的時間不是很穩定與充分，為了能幫助每個人，都能在短時間端出同時具備美味與健康的食物，從 2020 年起，安琪老師開始投入研發冷凍食品。

也由於現在冷凍科技的發達，能將食物的營養、口感完全保存起來，而且在不用添加任何化學元素情況下，即可將食物保存長達一年，都不會有任何質變，「急速冷凍」可以說是最理想的食物保存方式。

在歷經兩年的時間裡，我們陸續推出了可以用來做菜，也可以簡單拌麵的「鮮拌醬料包」、同時也推出幾種「成菜」，解凍後簡單加熱就可以上桌食用。

我們也嘗試挑選一些熟悉的老店，跟老闆溝通理念，並跟他們一起將一些有特色的菜，製成冷凍食品，方便大家在家裡即可吃到「名店名菜」。

傳遞美味、選材惟好、注重健康，是我們進入食品產業的初心，也是我們的信念。

冷凍醬料做美食

程安琪老師研發的冷凍調理包，讓您在家也能輕鬆做出營養美味的料理。

冷凍醬料的 5 大優點

省調味 × 超方便 × 輕鬆煮 × 多樣化 × 營養好

選用國產天麴豬，符合潔淨標章認證要求，我們在材料和製程方面皆嚴格把關，保證提供令大眾安心的食品。

三友官網

五味八珍的
餐桌官網

五味八珍的
餐桌 FB

程安琪
鮮拌味 FB

程安琪入廚
40 年 FB

五味八珍的
餐桌 LINE @

聯繫客服 電話：02-23771163　傳真：02-23771213

程安琪

冷凍醬料調理包 ｜ 冷凍家常菜

香菇蕃茄紹子

歷經數小時小火慢熬蕃茄，搭配香菇、洋蔥、豬絞肉，最後拌炒獨家私房蘿蔔乾，堆疊出層層的香氣，讓每一口都衝擊著味蕾。

雪菜肉末

台菜不能少的雪裡紅拌炒豬絞肉，全雞熬煮的雞湯是精華更是秘訣所在，經典又道地的清爽口感，叫人嘗過後欲罷不能。

一品金華雞湯

使用金華火腿（台灣）、豬骨、雞骨熬煮八小時打底的豐富膠質湯頭，再用豬腳、土雞燜燉2小時，並加入干貝提升料理的鮮甜與層次。

麻辣紹子

麻與辣的結合，香辣過癮又銷魂，採用頂級大紅袍花椒，搭配多種獨家秘製辣椒配方，雙重美味、一次滿足。

北方炸醬

堅持傳承好味道，鹹甜濃郁的醬香，口口紮實、色澤鮮亮、香氣十足，多種料理皆可加入拌炒，迴盪在舌尖上的味蕾，留香久久。

靠福·烤麩

一道素食者可食的家常菜，木耳號稱血管清道夫，花菇為菌中之王，綠竹筍含有豐富的纖維質。此菜為一道冷菜，亦可微溫食用。

3 種快速解凍法

想吃熱騰騰的餐點，就是這麼簡單

1. 回鍋解凍法

將醬料倒入鍋中，用小火加熱至香氣溢出即可。

2. 熱水加熱法

將冷凍調理包放入熱水中，約2～3分鐘即可解凍。

3. 常溫解凍法

將冷凍調理包放入常溫水中，約5～6分鐘即可解凍。

私房菜

純手工製作，交期較久，如有需要請聯繫客服
02-23771163

程家大肉

紅燒獅子頭

頂級干貝 XO 醬

完美出品
一步到味

跟著職人醬料理很簡單

書　　名　跟著職人醬料理很簡單：
　　　　　輕鬆學實用醬料＆靈活搭配鮮甜高湯，讓家
　　　　　庭料理升級專業風味！
作　　者　陳宗佑
資深主編　葉菁燕
美編設計　ivy_design
攝　　影　周禎和

發 行 人　程安琪
總 編 輯　盧美娜
美術編輯　博威廣告
製作設計　國義傳播
發 行 部　侯莉莉
財 務 部　許麗娟
印　　務　許丁財
法律顧問　樸泰國際法律事務所許家華律師

藝文空間　三友藝文複合空間
地　　址　106 台北市大安區安和路二段 213 號 9 樓
電　　話　（02）2377-1163

出 版 者　橘子文化事業有限公司
總 代 理　三友圖書有限公司
地　　址　106 台北市安和路 2 段 213 號 9 樓
電　　話　（02）2377-1163、（02）2377-4155
傳　　真　（02）2377-1213、（02）2377-4355
E - m a i l　service@sanyau.com.tw
郵政劃撥　05844889 三友圖書有限公司

總 經 銷　大和書報圖書股份有限公司
地　　址　新北市新莊區五工五路 2 號
電　　話　（02）8990-2588
傳　　真　（02）2299-7900

初　　版　2023 年 06 月

定　　價　新臺幣 565 元
I S B N　978-986-364-199-5（平裝）

國家圖書館出版品預行編目(CIP)資料

跟著職人醬料理很簡單：輕鬆學實用醬料＆靈活搭配鮮
甜高湯,讓家庭料理升級專業風味!/陳宗佑作. – 初版. --
臺北市 : 橘子文化事業有限公司, 2023.06
面；公分
ISBN 978-986-364-199-5(平裝)

1.CST：調味品　2.CST：食譜

427.61　　　　　　　　　　　　　　　112005827

三友官網

三友 Line@